设计师手稿系列

女装款式设计 VS 人体动态表现 1888 例

肖 璇 / 编著

中国纺织出版社

内容提要

本书向大家提供了多达1888款的款式图设计案例以及大量的人体动态表现图，囊括了多种设计元素与设计方法。书中的款式图与人体动态表现图的表现形式结合了笔者个人的绘画特点，其线稿风格灵活、流畅，每一处线条都在精准地表达服装的内部结构与面料特质。通过对本书的学习，能够帮助读者打破思维的局限性以及开拓设计思路，从而达到提高设计水平、完善专业能力的目的。

本书兼具实训教材与款式图集的特点，适合于服装专业院校的师生以及相关从业人员学习、参考之用。

图书在版编目（CIP）数据

女装款式设计VS人体动态表现1888例／肖璇编著.—北京：中国纺织出版社，2016.1（2021.4重印）

（设计师手稿系列）

ISBN 978-7-5180-1991-5

Ⅰ.①女…　Ⅱ.①肖…　Ⅲ.①女服—服装设计—图集
Ⅳ.①TS941.717-64

中国版本图书馆CIP数据核字（2015）第221321号

策划编辑：孙成成　　责任编辑：孙成成　　责任校对：王花妮
责任设计：何　建　　责任印制：王艳丽

中国纺织出版社出版发行
地址：北京市朝阳区百子湾东里A407号楼　邮政编码：100124
销售电话：010—67004422　传真：010—87155801
http：//www.c-textilep.com
E-mail：faxing@c-textilep.com
中国纺织出版社天猫旗舰店
官方微博http://weibo.com/2119887771
北京玺诚印务有限公司印刷　各地新华书店经销
2016年1月第1版　2021年4月第3次印刷
开本：889×1194　1/16　印张：17
字数：240千字　定价：39.80元

凡购本书，如有缺页、倒页、脱页，由本社图书营销中心调换

序

服装款式图既是服装设计意图的视觉表达方式，也是一种设计者与生产者、设计者与销售者、设计者与消费者之间的直观的沟通方式，被广泛地应用于整个服装行业，因此款式图不同于风格多变的草图和效果图，写实和表达准确是款式图绘制的要素。

作者长期与中国针织服装设计研发中心等设计、流行趋势研发机构合作，绘制款式图及效果图，具有丰富的前沿实践经验。本书向读者展示了 1888 例女装款式图，图量丰富，囊括了大量针织服装在内的几乎所有的女装品类，每张款式图都力求做到图形对称、比例合理、款式细节到位、结构特征明确。在准确表达服装款式结构的基础上，作者注入了一定的个人风格，用不同粗细的线条变化增加图形的美观性，用 Photoshop 工具勾勒出生动、灵活的手绘效果。款式图所对应的效果图风格时尚、简约且富有张力，涵盖了人体表现的多种姿态，具有较强的教学示范性，方便读者更好地学习和参考。相信本书对相关从业人员的款式设计、表达能够起到很好的参考和辅助作用。

北京服装学院副教授 郭瑞萍

2015 年 6 月 10 日于北京服装学院

前　言

本书将服装类型细致划分为 14 大类，包含 1888 例丰富的原创黑白款式图以及百余例人体动态着装图，详细地表现了最新服装款式设计理论和生动的人体动态表现技法，向读者诠释了最新的服饰流行趋势、服装款式结构知识以及人体动态表现法则。本书是笔者基于多年的专业学习以及社会实践经验精心编著而成，每一页都配有相应的关键词和文字说明，深入浅出，能够形象、快速地帮助读者展开对款式图的学习，强调当代服装设计的实操性和灵活性。其中，人体动态图表现手法融合了个人的绘画习惯，跳出了传统模特的面孔，生动描绘了模特的生活场景和动作神态，用讲故事的方式将人物和服装款式栩栩如生地表现出来，进而赋予服装以更加丰富的内涵。

本书向大家提供了丰富的款式图设计案例，其中包含了对传统的民族元素和流行的欧美元素的借鉴，蕴含了多种设计手法以及大量的设计元素，意在帮助读者开拓设计思维，打破思维的局限性，从而设计出令人惊喜的服装作品。书中的款式图与人体动态着装图的表现形式结合了笔者个人的绘画特点，其线稿风格灵活、流畅，每一处线条都在精准地表达服装的内部结构与面料特质。无论是对在校学生，还是热爱服装设计的时尚爱好者，或是相关从业人员，希望本书能够起到抛砖引玉的作用，激发你的设计灵感；能够帮助你有效地进行款式设计；能够成为你学习和借鉴的必备工具书与速查手册。

在此，感谢本书编辑孙成成对于笔者的鼓励和帮助，感谢始终陪伴在身边的朋友！因为你们的支持，笔者才能逐步地完成这巨大的绘图量，才能够使本书顺利与读者见面。

由于编者水平有限，书中如有错漏之处，还请各位专家、读者予以批评、指正。

肖璇

2015 年 5 月 1 日于北京

目 录

Part 01 针织连衣裙（Knitted Dress）

Part 02 机织连衣裙（Tatting Dress）

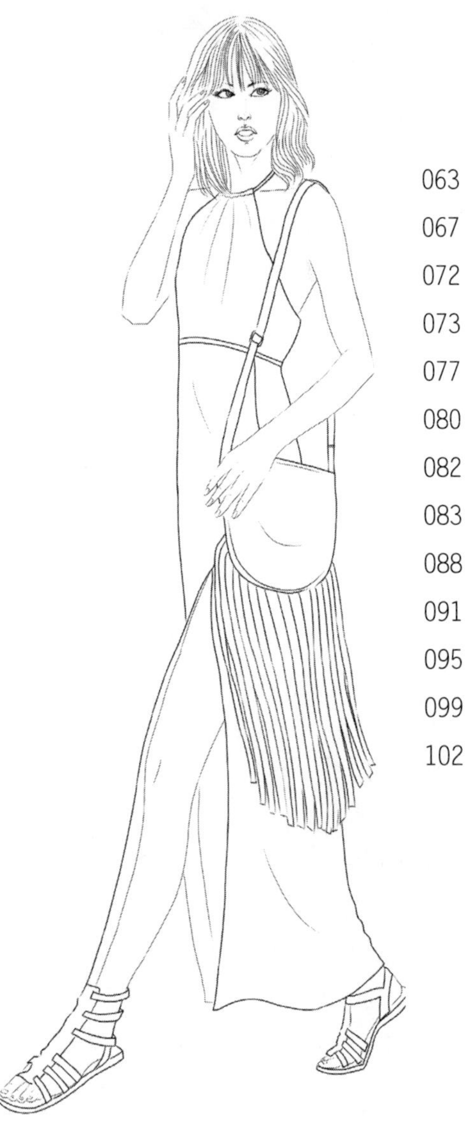

Part 03 针织连体裤（Knitted Jumpsuits）

Part 04 机织连体裤（Tatting Jumpsuits）

Part 05 针织开衫（Knitted Cardigan）

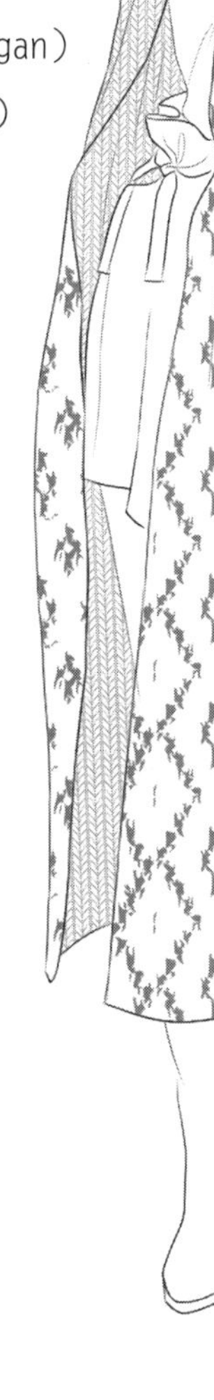

Part 06 针织套头衫（Pull-on Knitted）

Part 07 针织裁剪上装（Knitted Clothes）

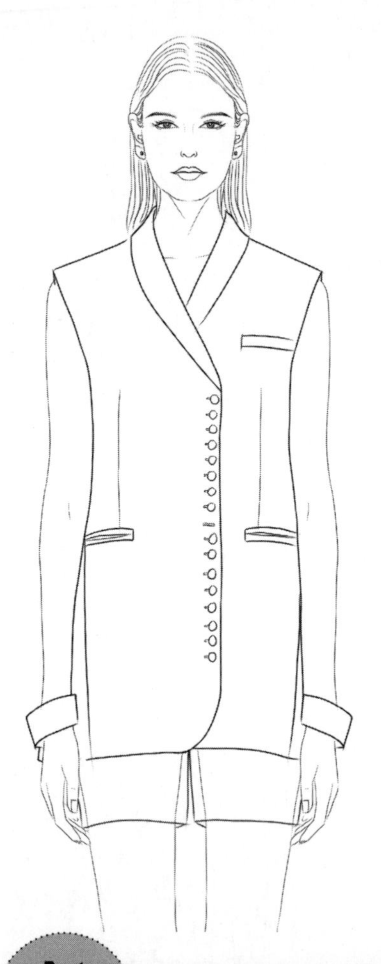

Part 08 机织上装（Tatting Clothes）

Part 09 半裙（Skirts）

Part 10 裤子（Pants）

Part 11 内衣（Underwear）

Part 12 泳装（Swimsuit）

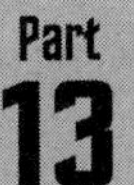

Part 13 家居服（Home Clothes）

Part 14 礼服（Formal Dress）

Part 1

针织连衣裙

Knitted Dress

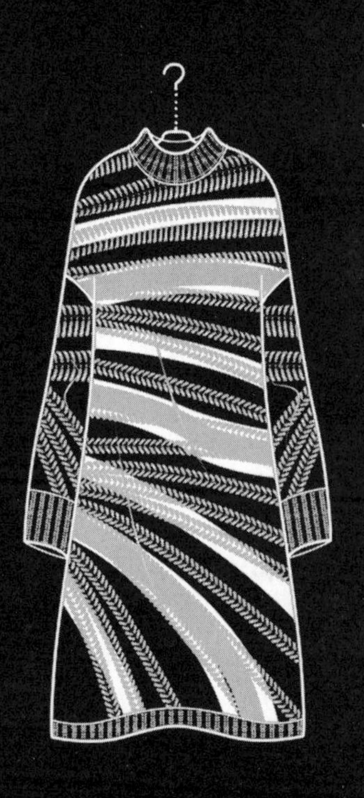

针织行业发展迅猛，是纺织行业的重要组成部分。针织面料由纤维或纱线编织而成，常见的针织面料包括单面针织物、双面针织物、罗纹针织物，其常见特点是具有弹性，穿着舒适，柔软性好。连衣裙在女装品类中变化最为多样，无论在针织还是机织产品里，连衣裙都占据重要的位置，其设计手法也较为多样，结构变化丰富。第一个章节，我们就从针织连衣裙的廓型结构和针织面料的组织织法来展示其结构设计与表现技法。

茧型连衣裙

Cocoon Knitted Dress

茧型廓型被大量地运用于针织毛衣的设计中，其不仅具有保暖和御寒的功能性，还可以很好地修饰身材，避免针织毛衣因包裹身体而凸显身形缺点的问题。本页六款茧型连衣裙通过变换织物组织、领型、衣长、袖长、下摆等因素来展现不同的设计风格。

X 型连衣裙

Type X Knitted Dress

X 型能够突出女性的腰部线条，令腰部的视觉效果纤细、柔美。本页九款 X 型连衣裙通过变换组织结构、分割线、字母提花、下摆抽褶等设计，在同一廓型下展现出完全不同的设计风格。

吊带 / 露肩连衣裙

Halter Knitted Dress

女性的肩部线条柔美、性感，吊带 / 露肩款式作为设计点被广泛地运用于针织连衣裙的设计中。其中，露肩形式多样，或甜美可爱，或神秘性感。

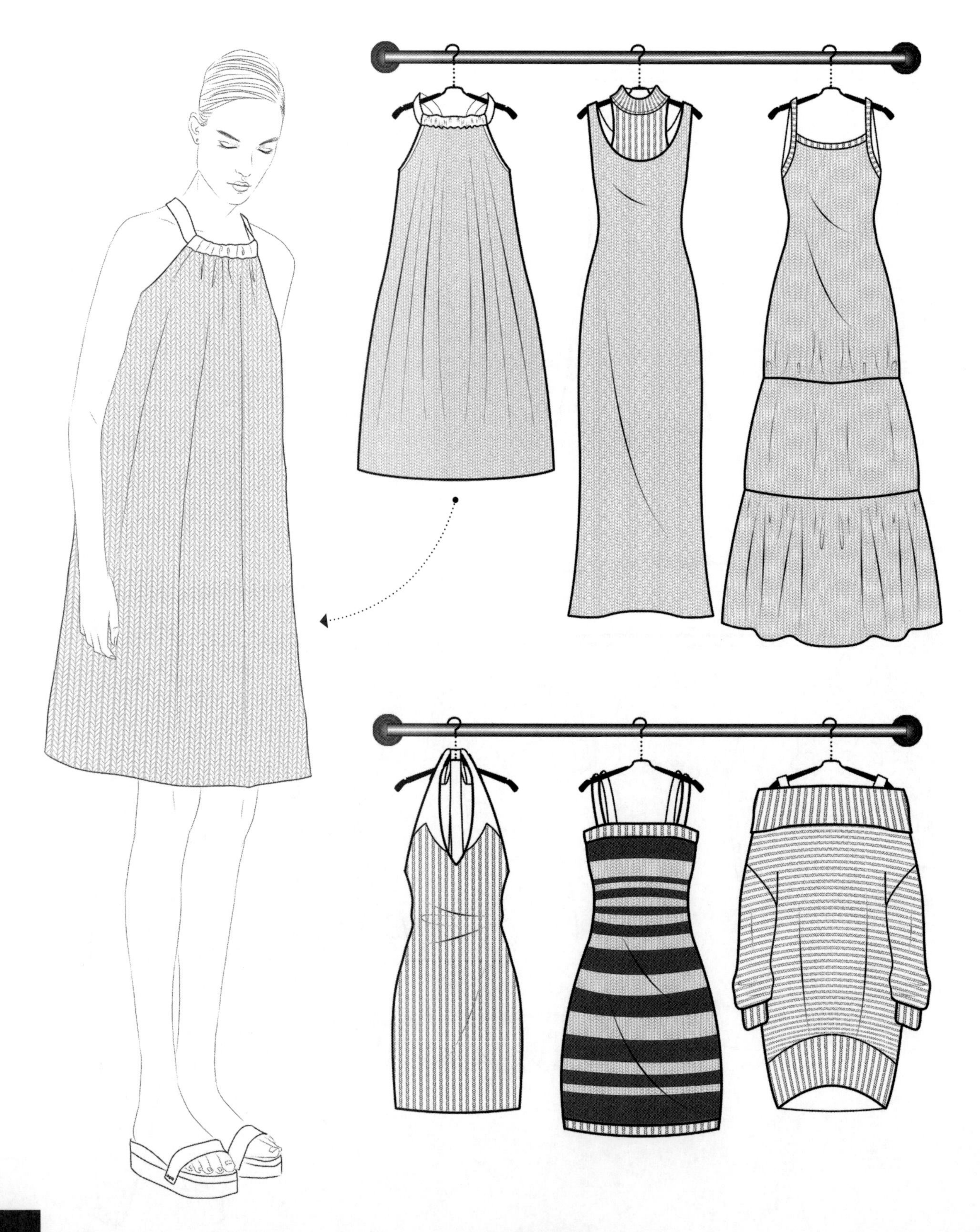

平针连衣裙
Flat Knitted Dress

在针织服装中，平针是最基本、也是应用最广泛的组织纹路。在设计手法上，平针多用于宽松式的板型中。收腰或是直筒型，下摆两边开衩的设计特点也是最近几年较为流行的设计手法。

几何提花连衣裙
Geometry Jacquard Knitted Dress

本页向大家展示了多款几何提花连衣裙，如廓型不变、变化图案与图案不变、变化廓型带来的不同视觉感受。我们可以把廓型、图案、织物组织作为三个元素，不断地在其中变化、组合近而变换设计出不同风格的款式图，这也是设计训练中很重要的一个方法。

前面我们讲述了以几何图案为要素的设计技法，本页我们将以几何图案结合分割线、图案印花来展示设计手法的多样性和灵活性。

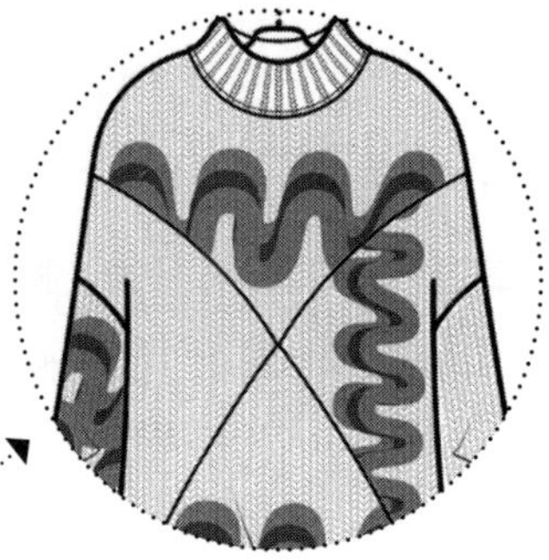

绞花连衣裙
Knotting Knitted Dress

绞花是针织设计里最有特点的技法，其变化形式非常多样，结合不同的款式廓型可以变化出多种设计风格，视觉冲击力强。

本页主要展示了粗针的绞花设计，结合当代最流行的直身廓型、落肩款式、假两件套式、披肩款式，设计形式丰富多样。

罗纹连衣裙

Rib Knitted Dress

罗纹多被设计于领口、袖口和下摆处，具有收拢和保暖的功能性作用。本页将向大家展示罗纹元素灵活多变的设计特点，如粗细罗纹的结合、机织与针织的结合以及不同密度的罗纹织物可以变换出荷叶边下摆的效果，进而展示出不同的设计手法所能体现出的不同风格特点。

拼接面料连衣裙

Stitching Fabric Knitted Dress

针织与机织面料的拼接设计在现代服装设计中应用得非常广泛，它结合了针织与机织面料的特性，扬长避短，使得设计手法更加灵活多变，视觉效果也更加丰富多彩。

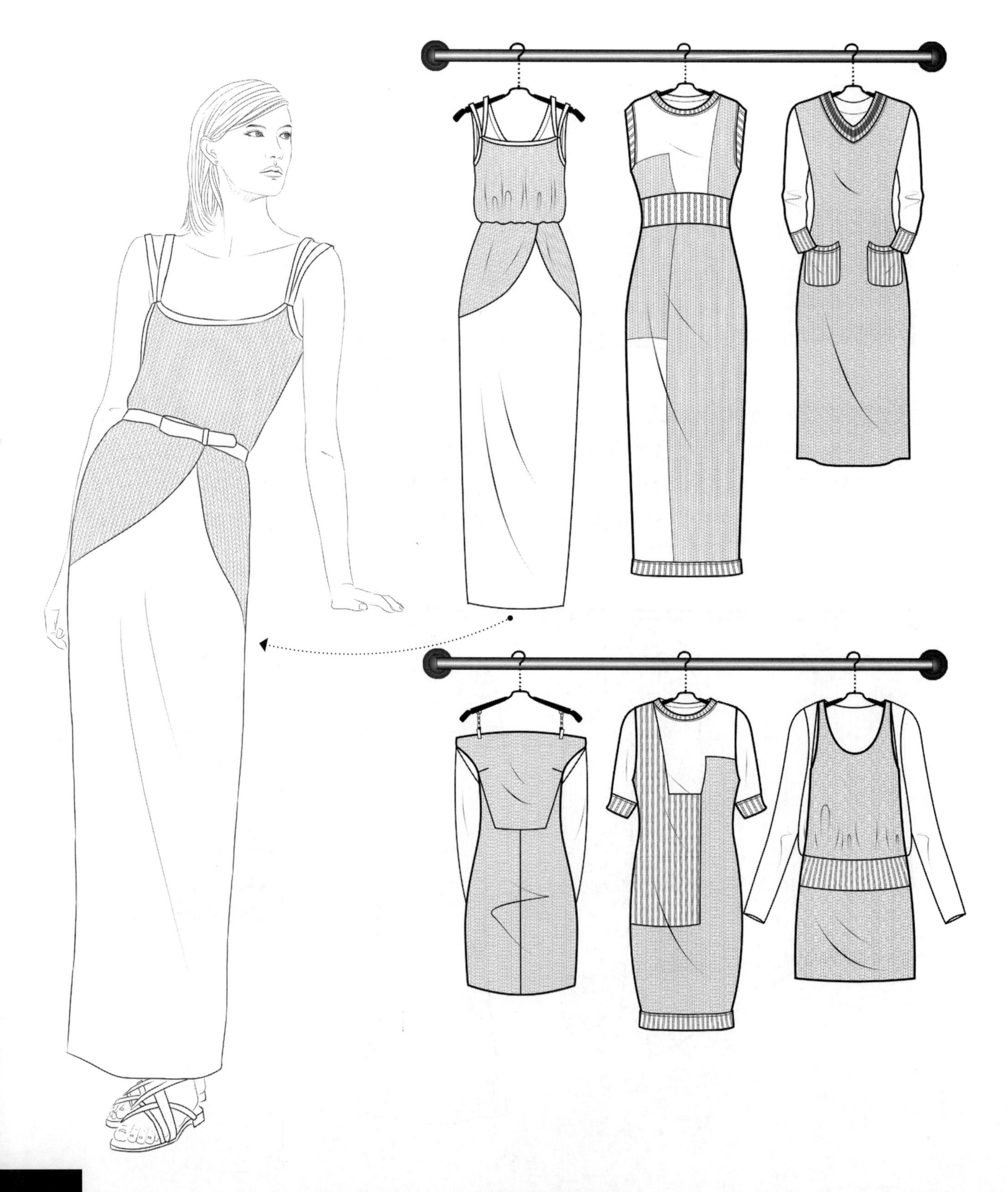

本页展示了针织面料与机织面料结合的设计方法。第一排款式中，将机织面料抽褶运用于针织下摆处，或做成衬衫领，令针织衫给人以可爱的感觉；第二排将机织面料做成荷叶边或压褶运用于领口、袖口和下摆处，令针织连衣裙给人甜美的感觉；第三排巧妙地将蕾丝与针织面料结合，令针织连衣裙的组织结构更加丰富，显得女性化十足。

A 型连衣裙

A-line Knitted Dress

本页展示了更加丰富的针织面料与机织面料结合运用的设计手法与风格。其中，系带、蝴蝶结设计被广泛地运用于强调女性气质的针织连衣裙的设计中。

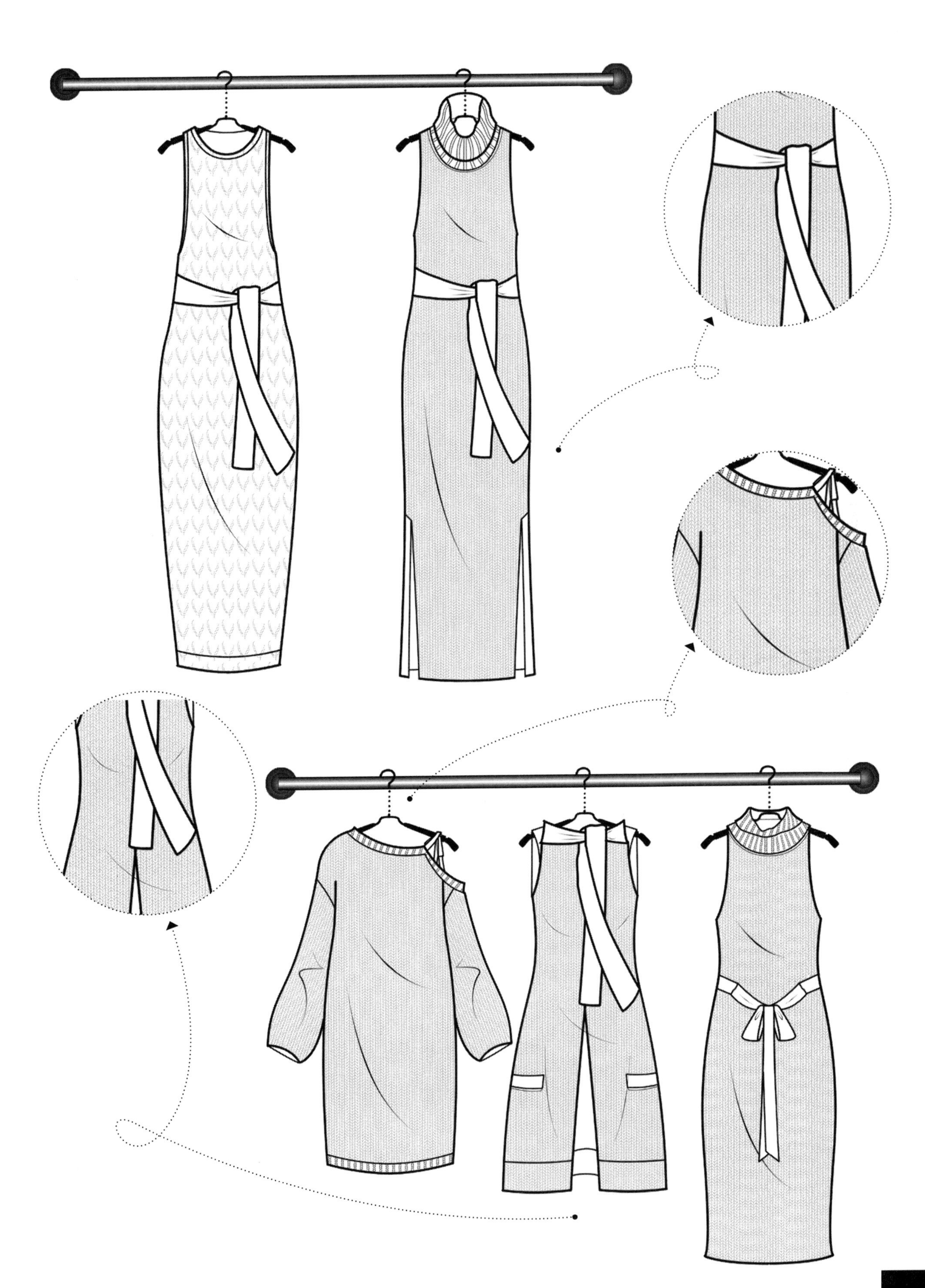

Part 2

机织连衣裙

Tatting Dress

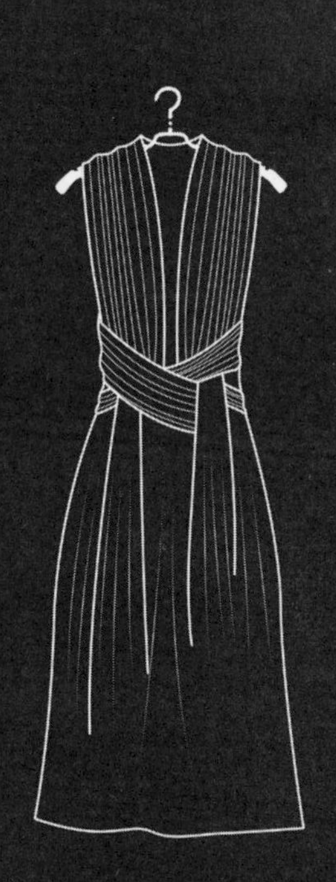

连衣裙是由上衣和裙体组成的服装，也称为“连身裙”。它的款式非常丰富，深受女性的喜爱。这个章节里主要向大家展示成人款式的连衣裙，其种类非常丰富，设计手法灵活多变。漂亮的连衣裙甚至会引领一个时代的潮流，如“小黑裙”就是时尚女性的最爱。

连衣裙在样式上不仅有季节上的变化，还有许多设计上的不同。这个章节主要从一些最为流行的设计特点方面向大家展示连衣裙款式的设计技法，人体动态上也结合了服饰特点做了生动、细致的刻画。在女装品牌公司，连衣裙设计往往占据整个系列设计的很大一部分，每个女孩衣柜里绝大部分也都是连衣裙，因此可以说连衣裙设计在女装设计中起着举足轻重的作用，本书也将连衣裙作为重点且用了较大的篇幅来向大家展示其设计技法。

褶皱连衣裙

Pleats Dress

褶皱是连衣裙设计中最常运用的设计手法，抽褶的方式多种多样，本页主要展示的是在连衣裙不同部位抽碎褶的设计技法。我们可以看到，抽褶的方式多运用于腰部向下的区域，也有在腰部向上下两个方向同时抽褶，所呈现的视觉效果风格迥异。

本页主要展示了吊带和文胸款抽褶连衣裙，这些元素组合呈现的款式给人十分甜美、可爱的感觉。

本页展示的褶皱更为丰富多变，有不对称式抽褶、发散式抽褶、局部抽褶，表达出不同的款式特点和风格。

在绘制人体动态时要考虑所穿着的服饰特点，如为表达这款“希腊式”褶皱连衣裙圣洁、自然的效果，人体没有加过多的装饰品，一双简洁的高跟鞋、一对几何型耳环搭配一个干净、利落的发型就可以将服装的唯美风格展现得淋漓尽致。

机器压褶是在成衣设计中最常用的手法，面料会在压褶厂进行压褶处理后再与其他面料进行拼接设计。其褶距均匀、平整，视觉效果好，且褶皱保型性较好。机器压褶设计耗费的面料较多，常用于礼服设计中，但随着人们审美品位的日益提高，这一设计手法也被广泛地运用于日常服装设计中。

在表现大件宽松式的连衣裙时，人体的动态可以采用走动的姿势，借此让衣服散开来体现大体积板型。为表现服装面料的半透明质感，我们可以将穿着在内的吊带背心用较轻的笔触简单地一笔带过。

第一排向大家展示的是压褶连衣裙的设计方法，通过变换廓型、分割线、拼接面料来变换出不同的时尚感。第二排向大家展示的是碎褶的设计方法，碎褶可运用于领口、袖口、腰部、下摆等，能够塑造出不同的风格，或甜美可爱、或田园乡村、或时尚性感，又或是干练沉稳。

无袖 / 吊带连衣裙

Halter Dress

本页款式图展示的是无袖连衣裙。第一排的设计结合了衬衫领的点缀，可塑造出精致脸型。第二排的设计结合了高腰线，可达到修饰腰部线条和拉长腿部比例的作用。第三排的设计结合了礼服的设计元素，层次感十足。

吊带或无袖连衣裙既可以单穿，也可以与T恤、针织开衫、休闲西服搭配。

第一排的无袖连衣裙加入了可爱的印花元素，结合单色面料的分割，令穿着者尽显调皮、可爱的风格。第二排的吊带连衣裙加入了碎褶、荷叶边的设计，令设计层次更加丰富，且具有很好的创意和时尚感。第三排吊带连衣裙结合了紧身胸衣的造型，复古感十足。

侧开衩连衣裙

Side Vent Dress

侧开衩在各知名品牌中被广泛运用，往往给人以性感、时尚的感觉。侧开衩高度的不同可以打造不同的视觉感受，重要的是可以拉长腿部线条，令穿着者展现出迷人、自信的女性气质。

人体动态图的绘画宗旨是要更好地表现服装款式。例如为表现侧开衩的设计特点，我们可以选择走动的姿势，腿部线条恰到好处的展现很好地诠释了服装的设计特点，而娇媚的表情和个性的流苏包都为此套装扮加分不少。

侧开衩连衣裙的设计日益风靡，在其中适量加入印花元素的应用，两者结合设计打造出非常完美的潮流时尚感。在此基础上发散思维，我们可以尝试将露肩、不规则的省道运用、蕾丝拼接等设计元素运用进来，所呈现出的款式效果也是令人惊喜的。

荷叶边连衣裙

Falbala Dress

荷叶边多运用于领口、袖口、下摆处，本页主要展示的是荷叶边在领口与袖口上的设计。荷叶边本身的设计也是多变的，有单层的、双层的、多层的设计，所打造出的视觉感受也是不一样的。

荷叶边可以作为修饰领子、袖口以及裙摆的花边，其制作方式是将一块长条布抽缩成缝合的尺寸。荷叶边的设计形式丰富多变，使得服装形成更加温柔、浪漫的甜美风格。

本页展示了更为丰富的荷叶边连衣裙的设计款式图，不同的荷叶边用于不同的位置，不同的面料结合不同的款式可以打造出多款连衣裙，其视觉感受也是风格各异的。例如第一排第三款，一件非常干练的包臂高领连衣裙，用一条纵向荷叶边打破传统的分割，使相对严谨的款式立刻生动起来，在职场穿着既不失庄重气质也不会产生沉闷感。

分割线连衣裙

Cut-off Rule Dress

无论是在成衣设计还是在时装设计中，分割线的设计方法都具有举足轻重的作用。分割线能够打破常规的视觉感受，令设计丰富多变，本页展示了不同分割方法下的款式特点。

无论是对称式的还是不对称式的分割方法，无论是结合抽褶还是搭配拉链，又或是多层布面的分割，都可以被运用于服装设计中，打破规则也能塑造出令人惊喜的款式。

本页将色块的分割巧妙地融入到分割线设计中，打造出更为强烈的装饰效果。

蝴蝶结连衣裙

Bow Botton Dress

蝴蝶结总是给人可爱、浪漫的视觉感受，它不仅是小女孩的专属装饰，熟女也可以驾驭。例如人体动态图所展示的连衣裙中蝴蝶结的设计就非常巧妙、大气，为服装增加了设计亮点之余，更提升了整套装扮的立体感与时尚度。

裹胸连衣裙

Wrap Chest Dress

裹胸连衣裙可以将女性的肩部线条完美地展露出来，尤其可以凸显出漂亮的锁骨曲线。裹胸连衣裙也可以结合褶皱、印花等造型手法和装饰元素，从而打造出更为丰富的款式。

本页展示了更为丰富的裹胸连衣裙设计手法。在人体动态表现方面，可以尝试用倚靠在墙壁上的姿态来更为生动地表达服装款式，使设计图看起来更具有故事性。

本页所展示的是具有礼服感的裹胸连衣裙，腰部和胸部的省道、分割线、口袋、褶皱等细节设计是重点。

露腰连衣裙

Bare Midriff Dress

露腰设计是近些年连衣裙设计中最为流行的亮点之一，腰部的线条是表达女性姿态美很重要的一部分。露腰的设计形式多样，可以是对称式的，或者是不对称式的。人体动态图中将西服改造成露腰款，创意性十足，时尚感也很强。

本页向大家展示了不同裙长、不同露腰裁剪方式的连衣裙款式，且露腰与露肩的设计常常结合在一起，使得服装风格显得格外青春、靓丽。图中第一款短款连衣裙，前部腰部全部露出，后中心线上的后衣片与裙部相连接，这种款式常常用于舞蹈和特殊场合的连衣裙设计；第二款中长款连衣裙，露出侧腰部位，这种突出“S”曲线的腰部设计方法被广泛地运用于时装中；第三款连衣裙在前中心线上下连接，腰侧部和后背露出，这种款式常常应用于重要场合穿着，可被看作礼服。

印花连衣裙

Printing Dress

印花是服装设计中很重要的一块，在服装品牌公司，印花图案的设计往往需要由专门的图案设计师完成，本页展示了印花元素运用于服装不同位置所展示的风格特点。

具象的花朵图案和经抽象化的动物图案是印花图案中常常使用的元素。大范围运用的花朵图案多给人典雅、大气的感觉，因此设计的款式也相对成熟、优雅，而卡通风格的动物图案则给人可爱、调皮的感觉，因此设计的款式也相对年轻、活泼。

本页所展示的仍然是花朵图案在连衣裙设计中的具体运用，与包臀短裙的款式相结合，产生了一种复古的服装风格。

几何图案与碎花图案是女装款式中不可或缺的元素，几何图案多给人极富时尚性、趣味性的视觉感受，而碎花图案则常常给人甜美、田园的印象。

印花图案连衣裙的款式设计丰富多彩，常常运用与净色面料相拼接的手法，不仅可以打破整面印花面料给人带来的过于花哨的视觉感受，也可以丰富其款式设计技法。

波点连衣裙

Point Dress

波点是一种潮流，“波点控”也是少女情结的体现。本页向大家分别展示了规律、整齐的小波点图案和大波点图案面料给大家带来的视觉感受。

本页将极具规律感且排列细密的小波点与其他面料拼接在一起进而呈现出多款或性感或甜美的款式。波点面料可以结合荷叶边、抽褶、压褶等设计手法，令款式更为丰富。

波点给人青春俏丽、活泼可爱的感觉。本页款式设计中，加入了蕾丝、蝴蝶结、波浪边等设计细节，让整体看起来清爽且充满活力。

本页向大家展示了不规则波点的设计，搭配简洁、可爱的娃娃衫、淑女装显得干净、清新。另外，廓型的选择也是非常丰富的，如图中展示了 X 型、H 型、O 型、A 型等廓型类别，为波点增添了变化的趣味性。

条纹连衣裙

Stripe Dress

简单而个性鲜明的条纹，无论是在 T 台上还是在街头，条纹装似乎从未被抛离出时尚界。本页向大家展示了不同的条纹款式设计特点，规则的或者不规则的条纹设计手法灵活多变。

近年来流行的条纹服装从简约的黑白条纹衣服到充满活力的彩色，总能搭出不一样的条纹装风采。对人物动态图的表现，也可以尝试下坐着的姿态，进而营造出个性、时尚的视觉感受。

条纹元素是恒久不变的经典元素，而横竖条纹交错的图案更具视觉冲击力。本页向大家展示了简洁款式搭配不同形式的条纹设计，是针织连衣裙的夏季必备款。条纹不仅可以形成纤细、苗条的视觉效果，也可以彰显个性、简约的时尚感。

蕾丝连衣裙

Lace Dress

蕾丝是一种网眼组织，最早由钩针手工编织，在女装中特别是在晚礼服和婚纱的设计上应用广泛。蕾丝连衣裙往往给人性感、高贵的感觉，本页展示了蕾丝运用于局部拼接的设计款式。

本页向大家展示了不同纹理效果的蕾丝面料相结合的连衣裙。蕾丝既可用于表现简洁的款式，也可用于较复杂的款式中，能够打造出与众不同的款式特点。

本页向大家展示了网眼蕾丝面料、烧花蕾丝面料等款式设计。蕾丝适合与网眼、蕾丝花边等元素结合，进一步打造出极致浪漫的款式风格特点。

本页展示的是蕾丝面料与雪纺面料的组合，局部蕾丝的使用起到了画龙点睛的作用。雪纺面料的垂感和飘逸性让款式看起来浪漫、优雅且极富女性气质。

网眼连衣裙

Mesh Dress

网眼面料常常用于局部拼接设计，可以打破沉闷的视觉感受，多见于潮流服饰设计中。本页款式中，网眼面料被局部运用于衣服的上半部分、裙两侧、裙下摆等处，结合对称或不对称的分割设计，令款式设计风格丰富多样。

在人体动态表现上，手的动态表现可以尽情发挥，若厌倦了双手自然垂下的姿态，可以尝试下抚摸头发等更具张力的动态表现，以更好地诠释服装的魅力。

网眼布拼接连衣裙的款式设计非常丰富，本页展示了不同廓型、不同拼接手法下的连衣裙款式。

甜美风格连衣裙

Sweet Style Dress

甜美风格是少女品牌中最为多见的风格类型。在连衣裙款式设计中，常加入荷叶边、高腰、波浪边等元素来强调少女般的甜美、可爱之感。

本页的款式为增加甜美的视觉感受，加入了网眼拼接、蕾丝花边、多层次的荷叶边袖、蛋糕塔裙的设计。在人体动态表现上，蝴蝶结发夹和日式高跟鞋等风格鲜明的配饰有助于展现服装的甜美风格。

本页主要展示了吊带式和裹胸式的甜美风格连衣裙，每一个款式的每一条分割线都要准确、到位才能完美地展示服装的特点。在绘制款式图时要特别注意，比例和线条的粗细对比是表现服装结构和面料质地的重要元素。

本页主要通过对袖长、袖型的变化设计来展现甜美风格的连衣裙款式。

欧美风格连衣裙

European and American Style Dress

欧美风格连衣裙是现代最为流行的连衣裙类型之一，其造型简洁、大方，多为直筒型，多运用印花、字母、条纹等设计手法来满足服装的装饰性需求。本页中的人体动态图所穿着的直筒型连衣裙就是欧美风格连衣裙的典型代表。

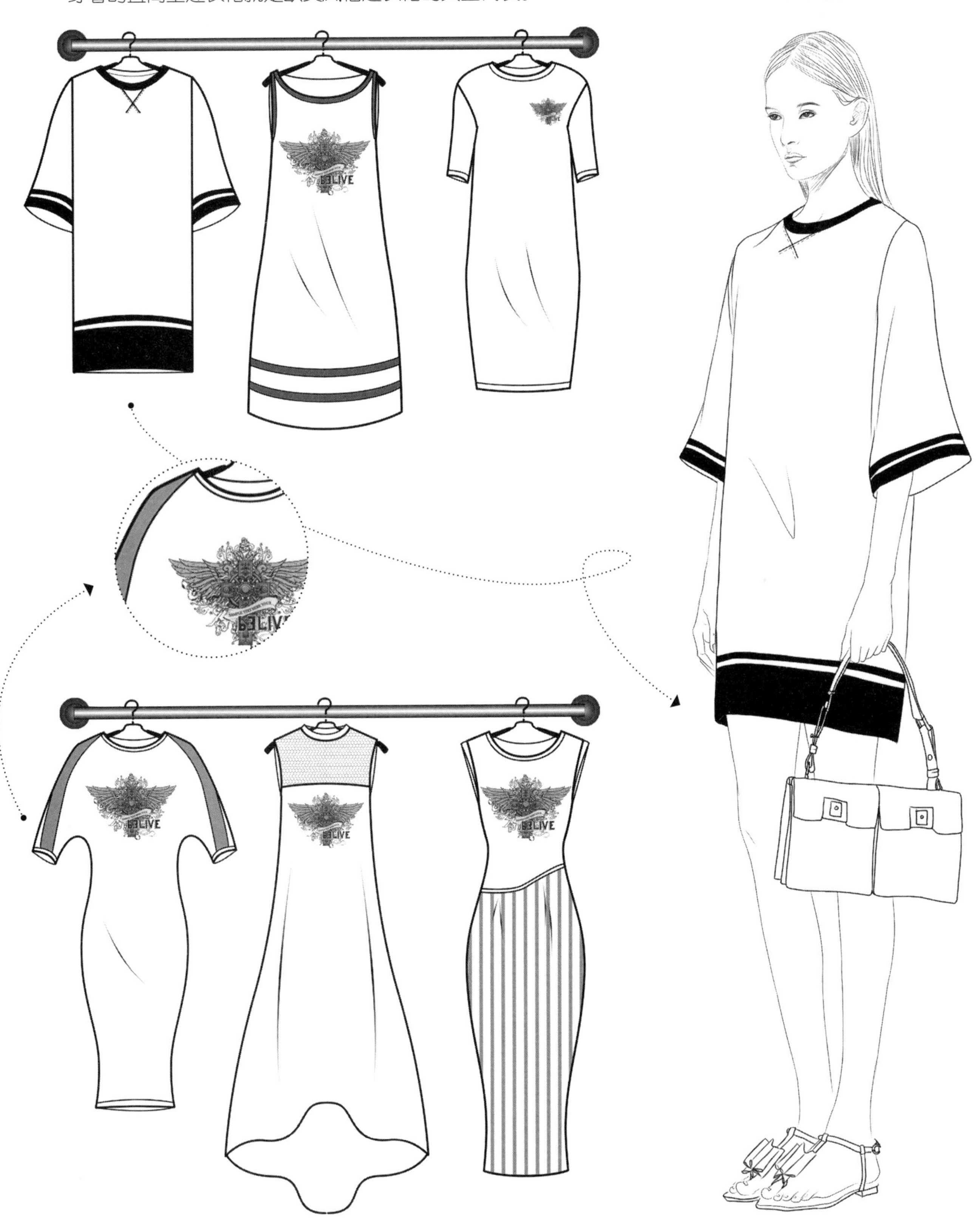

欧美风格连衣裙多采用分割线的设计手法。本页中的款式用了多种分割方法向大家展示欧美风格连衣裙的设计要领。

字母、数字、涂鸦等图案常常单独或者结合运用在连衣裙上，给人一种街头时尚的感觉，这也是欧美风格的重要体现。另外，在裙子下摆处做一些细节的变化，如拼接、侧开衩、不对称以及层叠设计等都可以使款式看起来更加时尚。

本页向大家展示了更为丰富的款式设计手法，如印花图案与流苏的组合、印花图案与字母的组合、印花图案与网眼面料的组合等。除此之外，在对细节的处理上也是丰富多变的，如领型的变化、下摆的变化都能很好地打造出欧美时尚感。

欧美风格连衣裙除了会运用到前面讲到的印花图案以及字母、数字等元素外，还可以用廓型和结构来诠释，例如图中第一款的连袖包臀设计、第二款的不对称抽褶与插肩袖的组合设计、第三款的露脐和下开衩设计、第四款的厚薄面料拼接层叠设计，都流露出别具匠心的设计师巧思。

民族风格连衣裙

National Style Dress

民族风格连衣裙在近年来的秀场上也是大放异彩，深受时尚爱好者的喜爱。在款式设计上，其设计亮点主要体现在对面料的图案设计上，如几何图案、规则性较强的二方连续图案等，都很好地诠释了民族风格的独特魅力。

通勤装连衣裙

Commuting Dress

通勤装连衣裙泛指在任何场所都可以穿着的服装，它既是体面的，又是舒适的，也不失时尚感。本页向大家展示的是时尚性和设计感较强的通勤装连衣裙，设计上多采用分割线设计，结构变化丰富多样。

狭义的通勤装指的是职业装，本页向大家展示了时尚感较强的职业装款式设计特点，在廓型上多采用紧身型或者合体型，贴体穿着更显身材和气质。在人体动态表现上，可以选用比较端庄的姿态搭配一个手包来表现职场丽人的专业形象。

本页展示了更为丰富的通勤装设计技巧，从简洁到复杂，从干练到妩媚，几乎可以在任何场合穿着，体现了“通勤”的特点。

本页向大家展示了加入波浪元素、条纹元素、压褶元素的通勤装，弧线型的分割线打破了服装的单调感，让通勤装时尚又不失典雅。

娃娃领连衣裙

Doll Collar Dress

娃娃领的服装款式是很多女性的最爱，深受少女品牌的欢迎。本页向大家展示了各种娃娃领的款式设计特点，而波浪和蕾丝元素则是很好的搭配伙伴。

本页中，娃娃领连衣裙加入了网眼布的拼接，使得款式更具层次感；蝴蝶结和局部菱形格印花元素的加入使领子的款式更加活泼、可爱；抽褶和蕾丝也是必不可少的搭配元素；不对称分割线则是比较创新的设计手法，同样能够打造出甜美感与趣味性。

本页娃娃领的设计细节处十分精致，领的大小和形状是设计的关键，对面辅料的选择、廓型的选择都是体现服装风格很重要的元素。

一字领连衣裙

Boat Neck Dress

一字领的设计可以展露女性柔美的肩部线条，女性露出锁骨多会给人以性感、迷人的视觉感受。本页的连衣裙领型都为一字领设计，但是却“露”得各有特色。

本页向大家展示了更为丰富的一字领连衣裙设计的款式特点，并加入了蕾丝花边、碎花图案和褶皱等造型元素，给人性感、高贵的视觉印象。

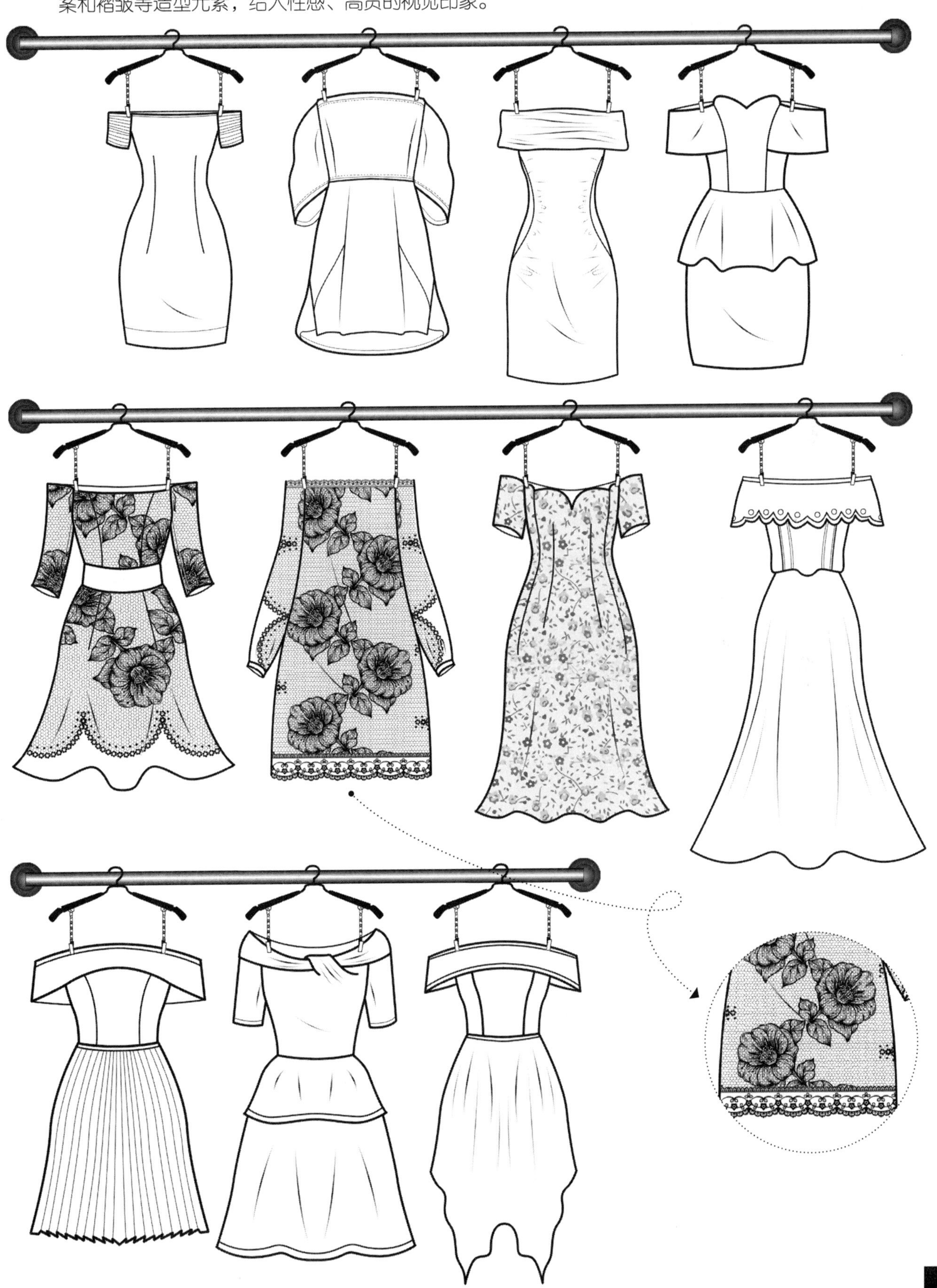

堆领连衣裙

Pile Collar Dress

堆领的设计常用于悬垂性好且手感柔软的面料，也常常结合衣身抽褶的设计，整体感较强，给人一种希腊式的高贵感和时尚感。

露肩连衣裙

Off-shoulder Dress

露肩是近年来最为流行的设计元素之一，其“露”的方法丰富多样。本页向大家展示了甜美、可爱风格的露肩连衣裙。在人物动态表现上，设计者特意用侧面来展示露肩的效果，玫瑰花的加入也给动态增加了故事性，让服装看起来更加俏丽、可爱。

本页向大家展示的是更具有设计感的露肩连衣裙，不对称式的露肩以及具有立体雕塑感的露肩设计均为服装增添了不少创意性和前卫感。

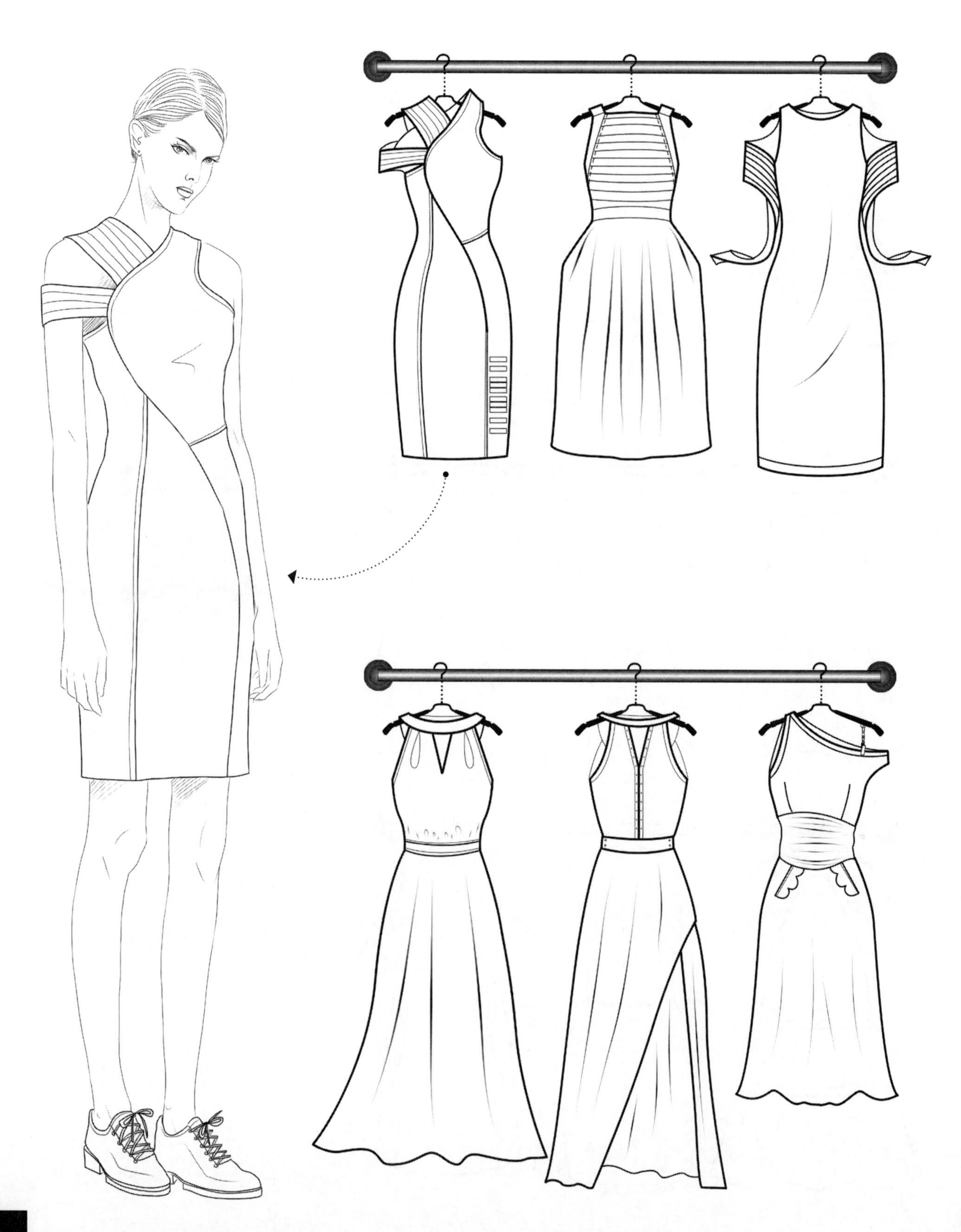

本页向大家展示的是印花面料和蕾丝面料的露肩款连衣裙，款式上多采用收腰款。

荷叶边、珍珠、灯笼袖、层叠堆砌等设计手法运用到露肩款连衣裙里，使得款式变化灵活多变，视觉效果丰富、可爱。

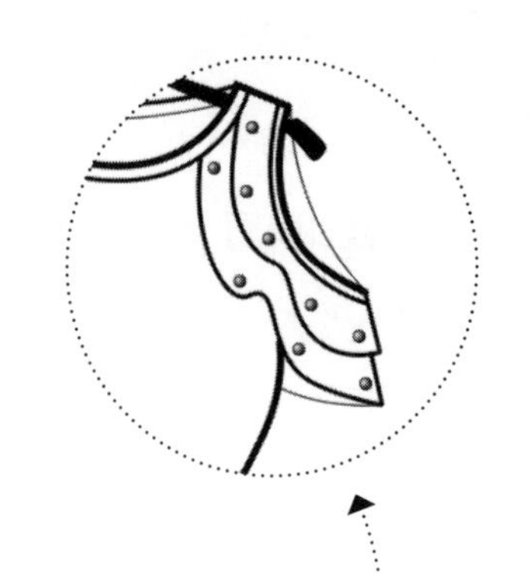

本页的露肩连衣裙运用了巧妙的不对称设计，变化了的荷叶边的层叠堆砌设计，创新了衬衫款连衣裙的露肩设计，系带和抽褶元素的加入，让款式看上去别致、时尚，品位十足。

斜肩不对称连衣裙
Oblique Shoulder Asymmetrical Dress

斜肩常运用于礼服设计中，随着人们对时尚的审美品位越来越高，日常服中也常常加入了斜肩款设计，进而展示女性的独特美。

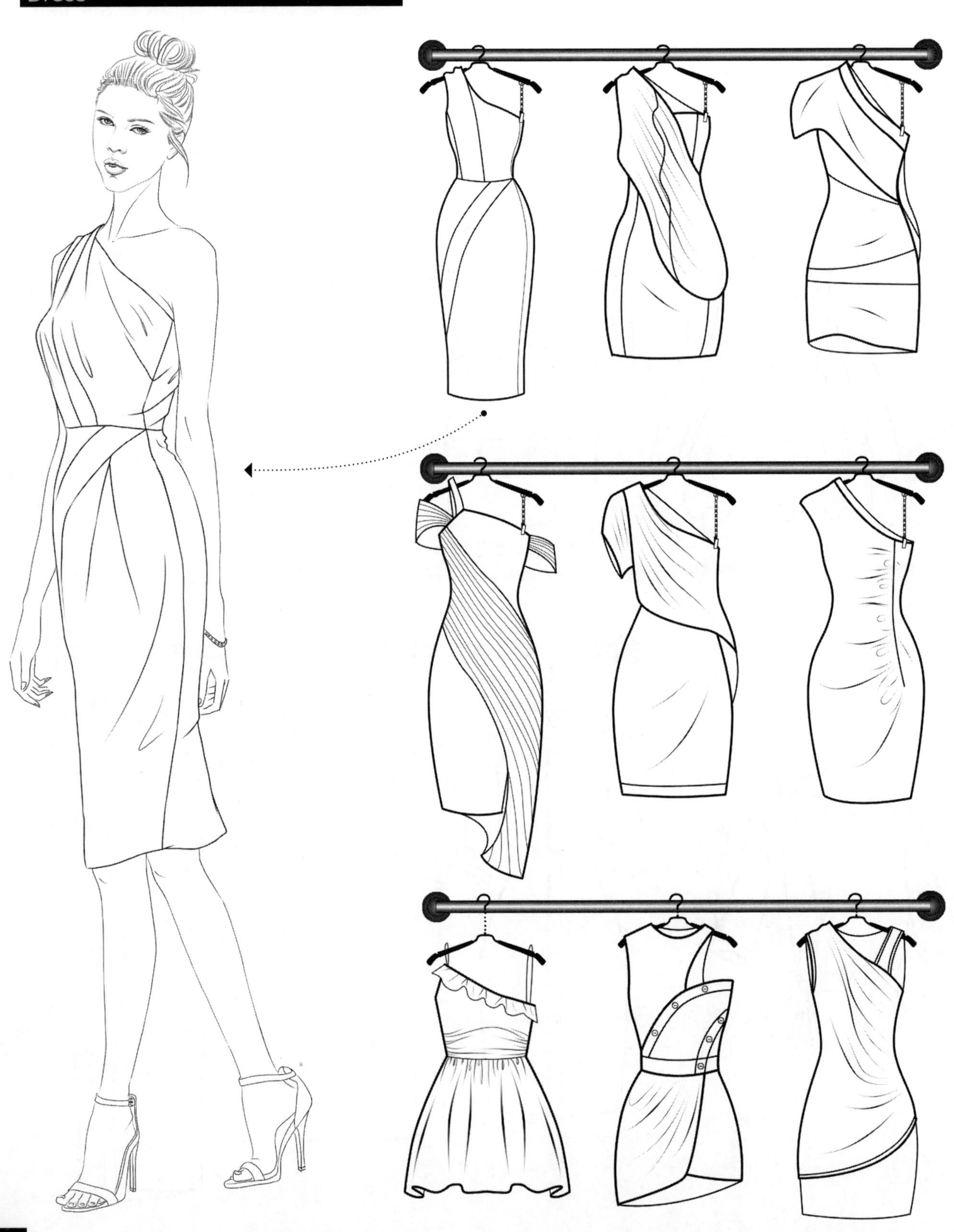

斜肩的裁剪方式丰富多样，图中六个款式分别采用了不同的斜肩裁剪方式，细节设计非常精致，分割线非常巧妙地塑造了完美的廓型。

从短裙到长裙，从无袖到长袖，从紧身到合体再到宽松，斜肩的元素都可以很好地融入其中，且为时尚感加分不少。

铅笔连衣裙

Pencil Dress

铅笔裙在连衣裙中所占的比重很大，其设计手法多在分割线上做变换，本页展示了不同分割线下的铅笔连衣裙，塑造出女性的完美身型。

除了分割线的设计，面料的选择和细节的设计也很重要。在廓型确定后，可以通过各种设计元素的排列组合进而打造出成千上万的款式，而哪种结合的视觉效果更好则需要用心去感受和品味。

设计是一个由简到繁、又由繁到简的过程，一款简洁的铅笔裙有时候会让人看起来更具有吸引力，本页的人体动态图就向大家展示了一款极具简洁风格的铅笔裙。

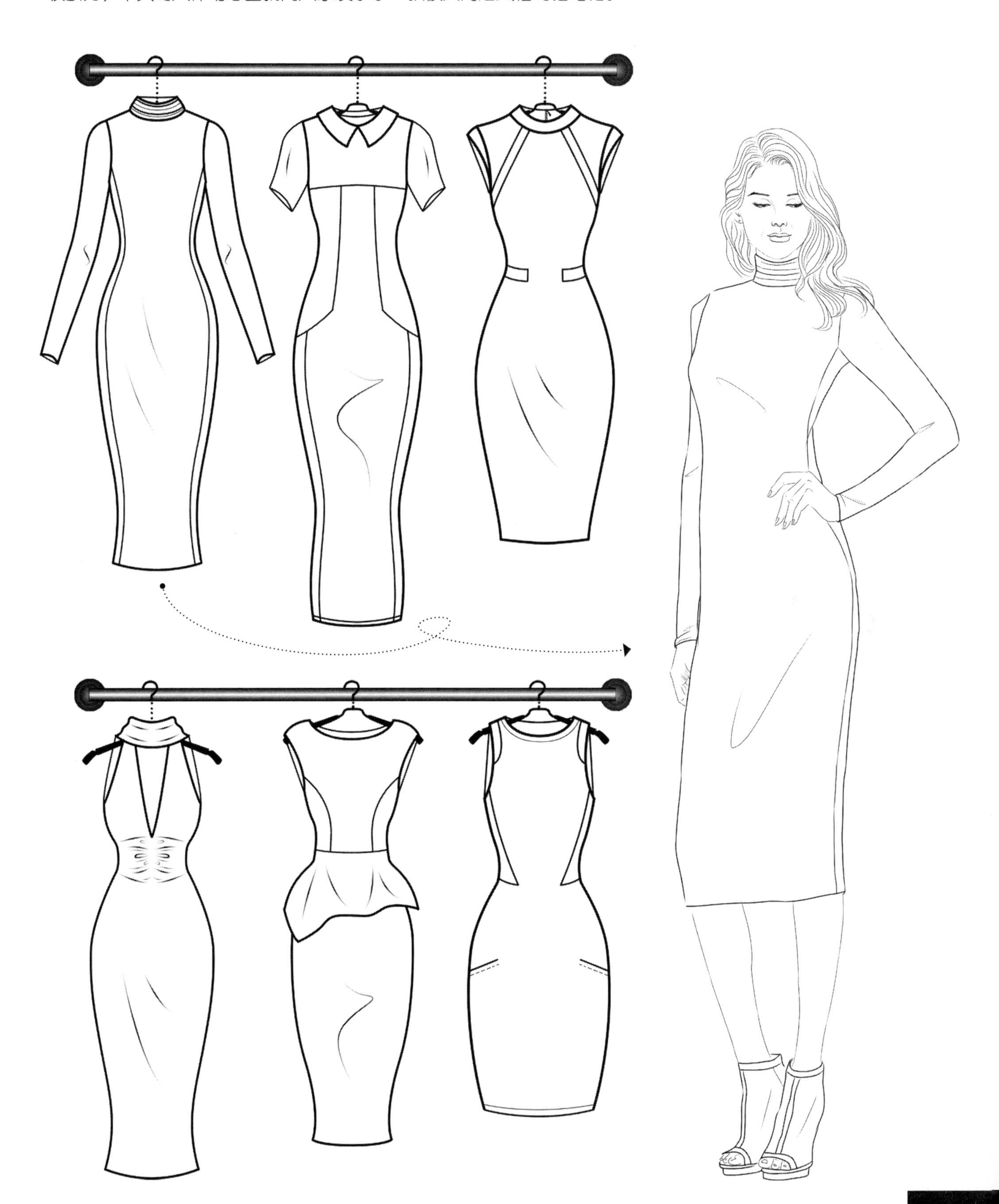

本页向大家展示了铅笔裙丰富多变的设计手法，除了廓型保持一致外，其他的任何元素都可以打破重组，进而变化出不一样的视觉效果。

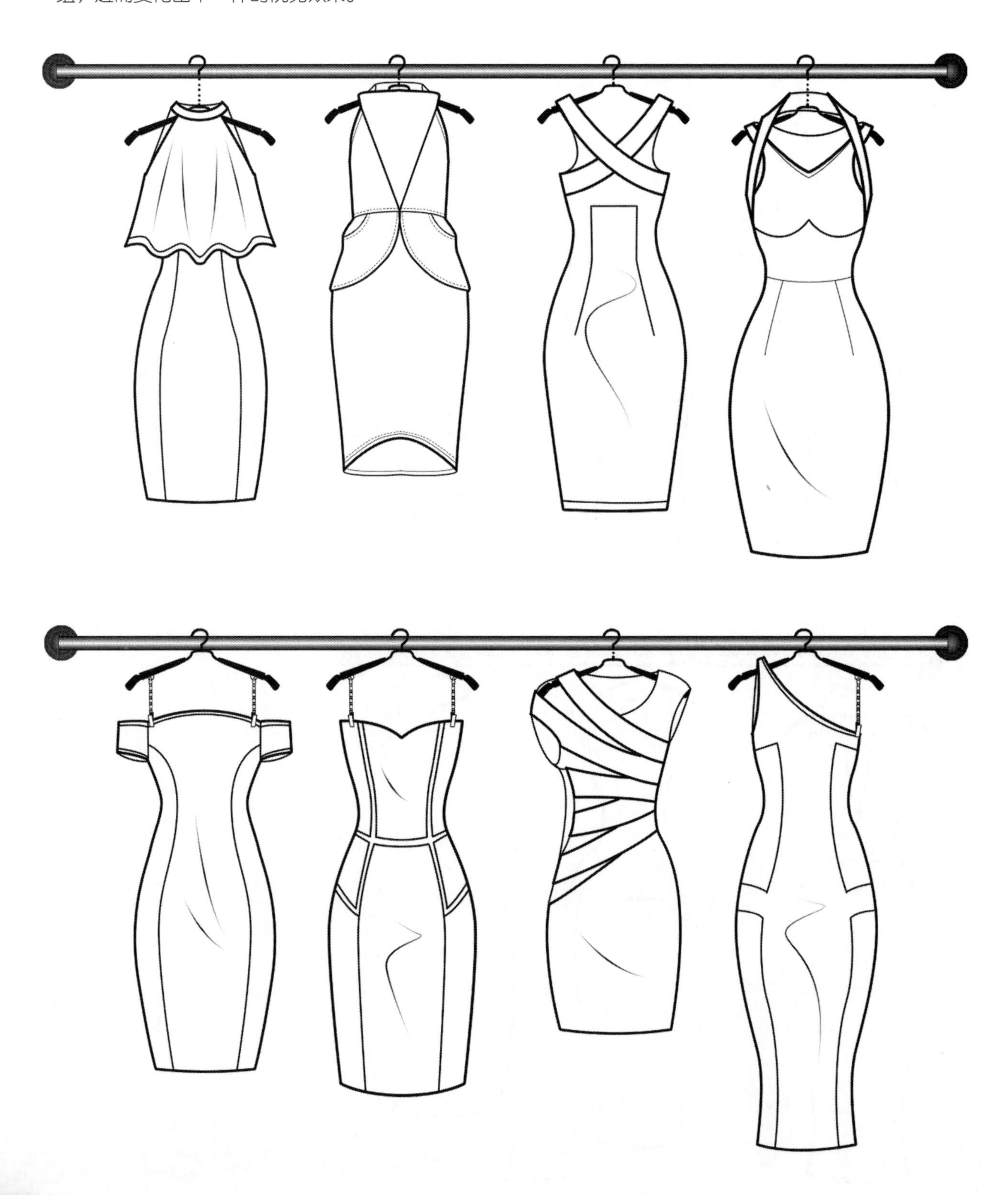

公主式连衣裙

Princess Dress

每个女孩子曾经都有一个公主梦，于是公主式连衣裙备受喜爱。本页主要向大家展示了丰富多变的公主式连衣裙的款式设计特点。

压褶、荷叶边、层叠、波浪边都是公主式连衣裙的设计特点，长裙显得高贵，短裙则更加甜美、可爱。

公主式连衣裙的款式也可以是变化多样的，露肩、斜肩、荷叶边、蝴蝶结、抽褶等设计元素都是诠释公主式连衣裙的有效手法。

本页在前面设计款式的基础上加入了蕾丝、网眼和波点的元素，设计感更强。

不规则型连衣裙

Irregular Dress

不规则设计常常被运用在连衣裙的下摆设计中，打破传统的规则设计，令连衣裙看起来极富动感。

不规则下摆的设计常常伴随着分割线和抽褶的应用，若在设计中加入图案印花，则令连衣裙看起来较为休闲。

不对称的袖子搭配不规则的下摆设计，令连衣裙看起来潮味十足。本页向大家展示了不同设计手法的不规则连衣裙的设计方法，或拼接蕾丝，或用斜肩打造性感的视觉感受，想拥有哪种效果的时尚感，可根据喜好自由搭配设计元素。

衬衫式连衣裙

Shirtwaist Dress

衬衫式连衣裙在这一季也大受欢迎，其设计关键在于对衬衫领型的把握和对门襟的设计。

衬衫式连衣裙分割线的设计变化多样。本页展示了 X 型、H 型、A 型等不同廓型的衬衫式连衣裙，让你感受不同廓型带来的不同视觉感受。

衬衫式连衣裙的门襟设计丰富多样，有半开式门襟、暗门襟、明门襟等，裙片的造型设计也非常丰富，有抽褶或者包臀，也有层叠堆砌的廓型。例如图中最后一款是娃娃款的衬衫式连衣裙，喇叭袖结合宽松式大身廓型，给人憨厚的可爱感。

Part 3

针织连体裤

Knitted Jumpsuits

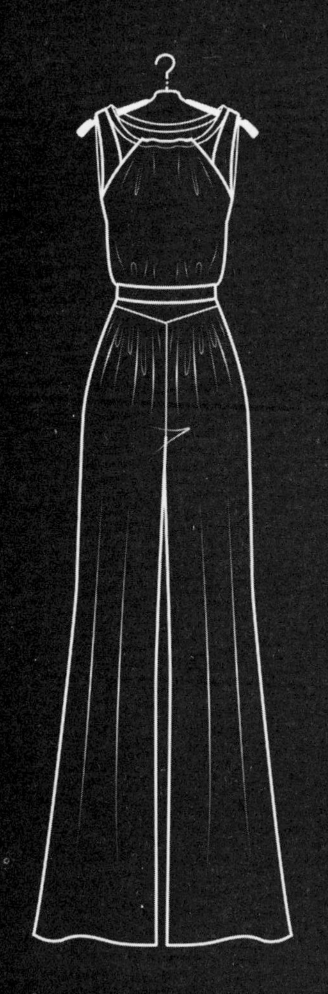

近年来，连体裤成为时尚潮流的重要内容之一，其设计手法也越来越多元化。很多明星喜欢穿着连体裤，有一种复古的时尚感，且个性十足。根据面料的不同，连体裤分为针织连体裤和机织连体裤。针织连体裤因其面料具有弹性，因此不需要省道，穿着起来比较贴体，舒适感强且活动方便。

露肩连体裤

Off-shoulder Knitted Jumpsuits

本页向大家展示了五款针织连体裤，其中包括一款短裤、一款七分裤、三款长裤。这五款设计都为无袖露肩款，是近年来最流行的设计手法之一。腰省和公主线的设计使得针织连体裤穿着更加合体，而裤子的廓型从紧身小口到合体直筒再到喇叭长筒体现了多元的时尚感。

吊带连体裤

Sling Knitted Jumpsuits

本页向大家展示了吊带连体裤，可以搭配 T 恤或者外套穿着，吊带的设计方便穿脱，易于搭配其他服饰。上半身的设计多采用抽褶元素，裤片的设计则多是通过分割线的变化来实现。

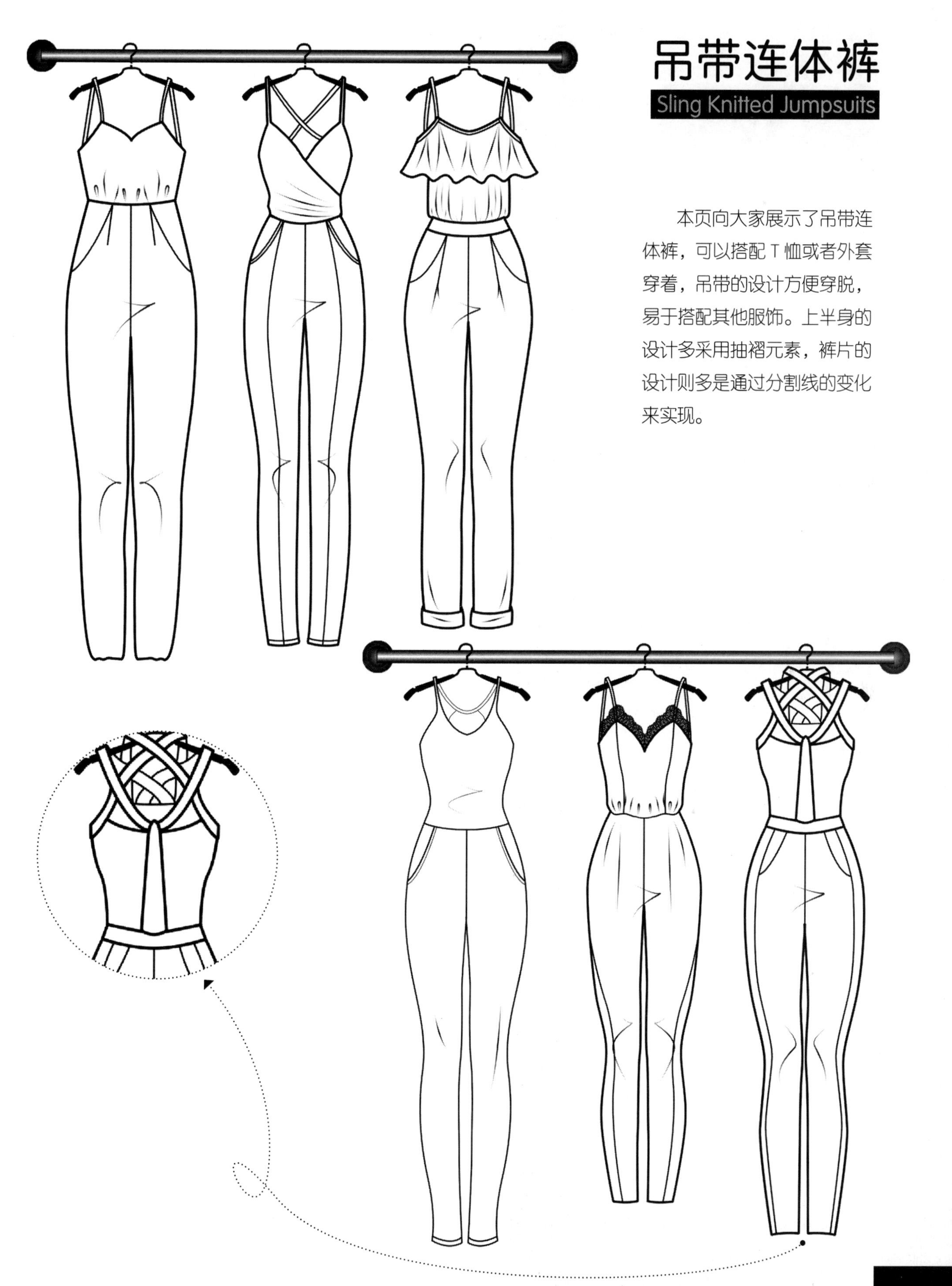

Part 4

机织连体裤

Tatting Jumpsuits

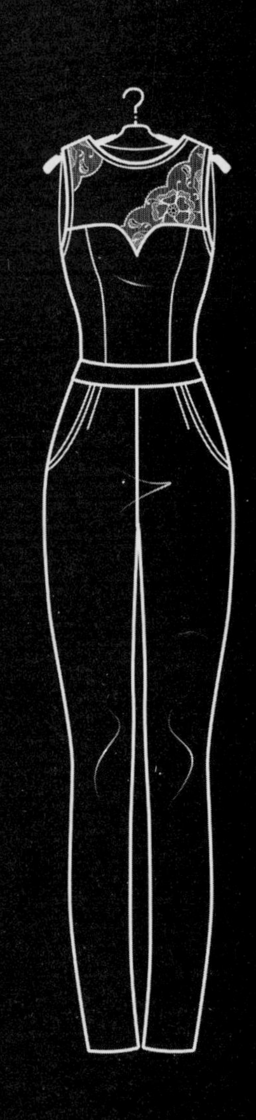

机织连体裤常用省道来塑造服装的合体性。由于机织面料比针织面料更加挺括，因此更容易做出立体感，它的优点在于可以很好地修饰身型，掩饰不完美身材。这一个章节罗列了大量的连体裤款式，将向大家展示机织连体裤的设计技法。

连体短裤

Shot Tatting Jumpsuits

在夏季，连体短裤深受时尚爱好者的喜爱。在款式设计上，连体短裤多采用结构分割的方法，其短裤的长短、裤口大小的不同会给连体裤带来不同的视觉感受。

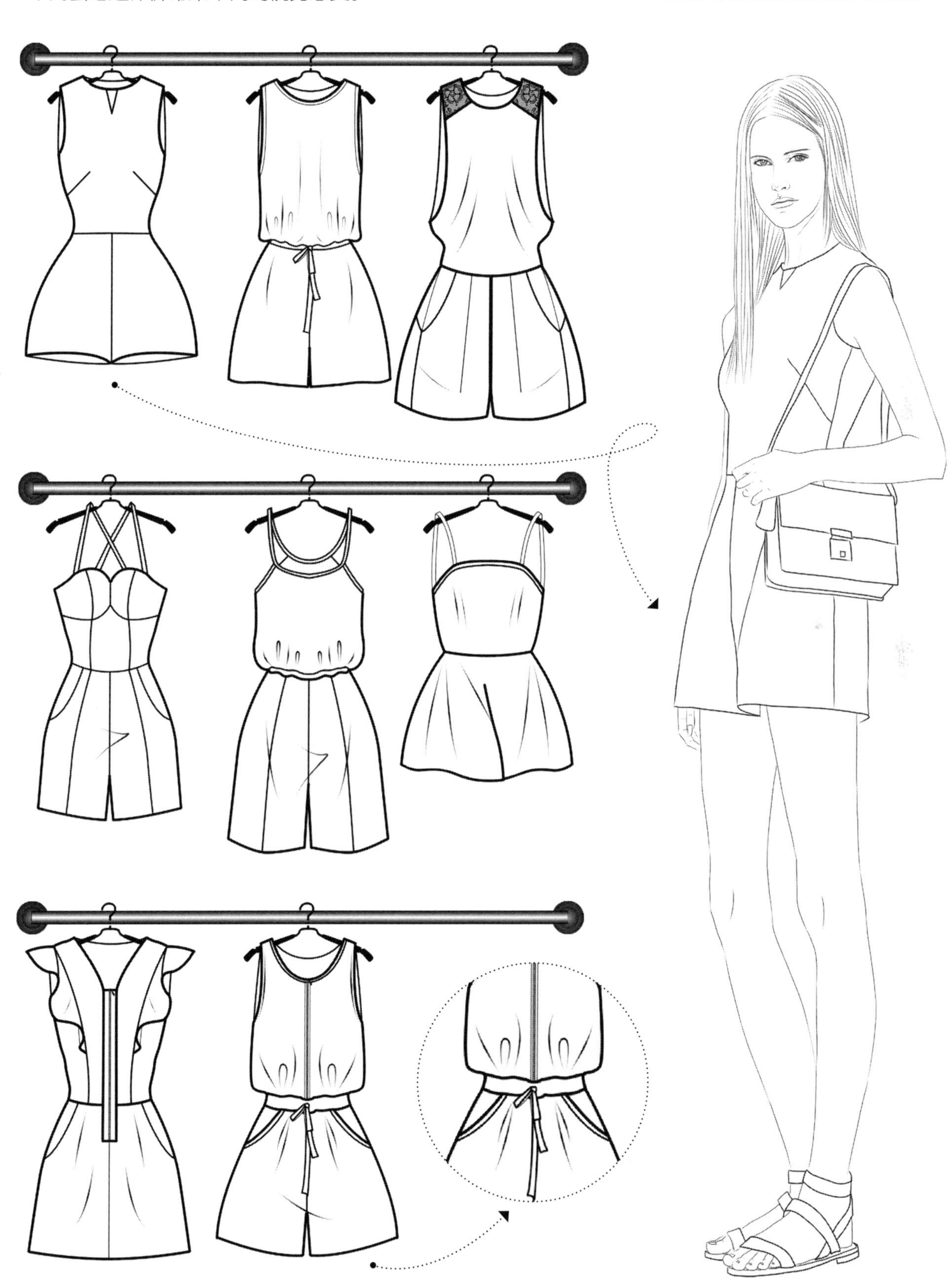

连体长裤

Long Tatting Jumpsuits

本页向大家展示的连体长裤有的是具有工装效果的，有的具有职业装的感觉，都是通过对领型和袖子的设计予以体现的。例如，小立领给人利落、简洁的工装感觉，西装领则给人以稳重、干练的职业装感觉等。

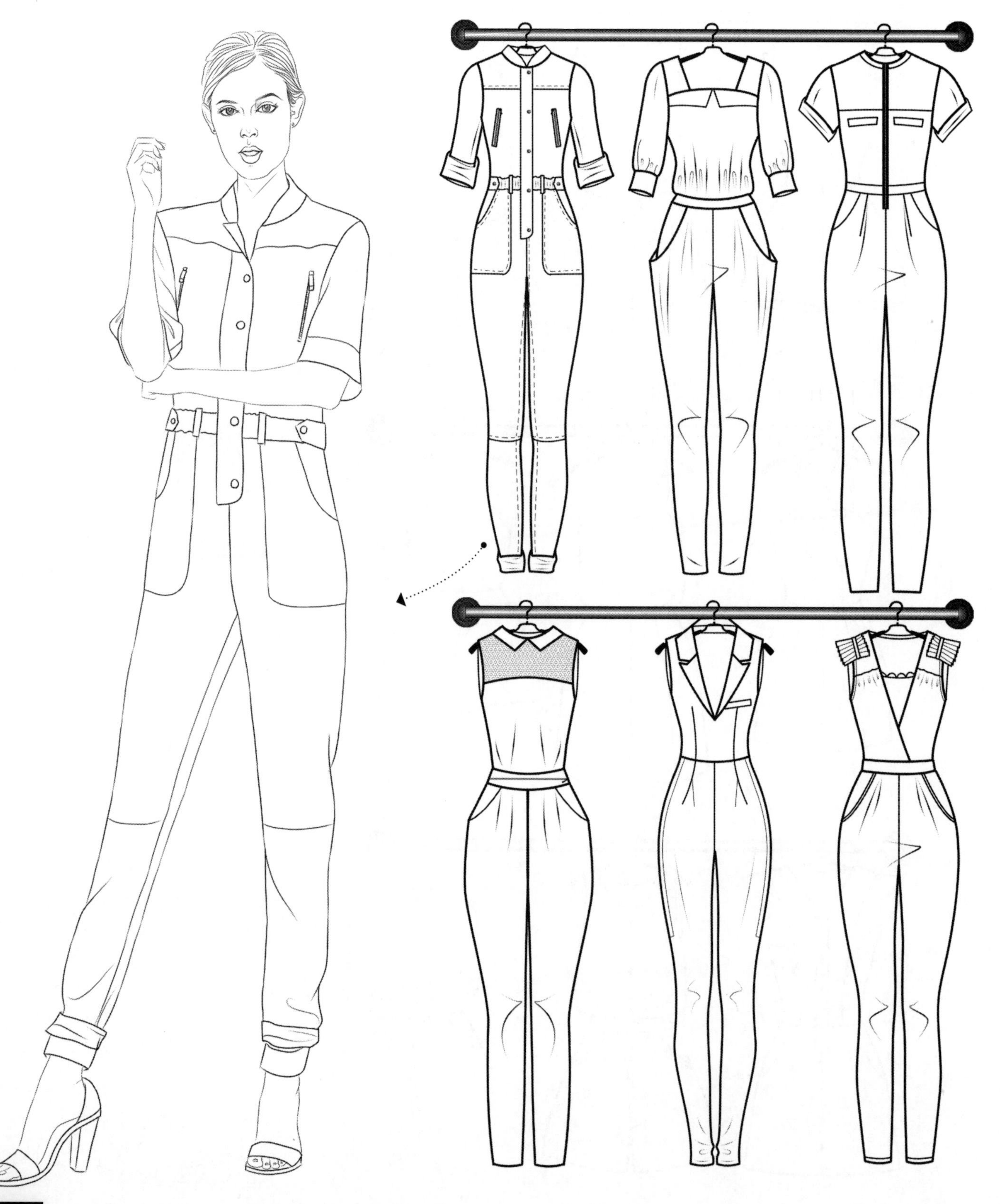

本页向大家展示的是设计感更强，风格较为活泼、多变的连体裤款式设计图。

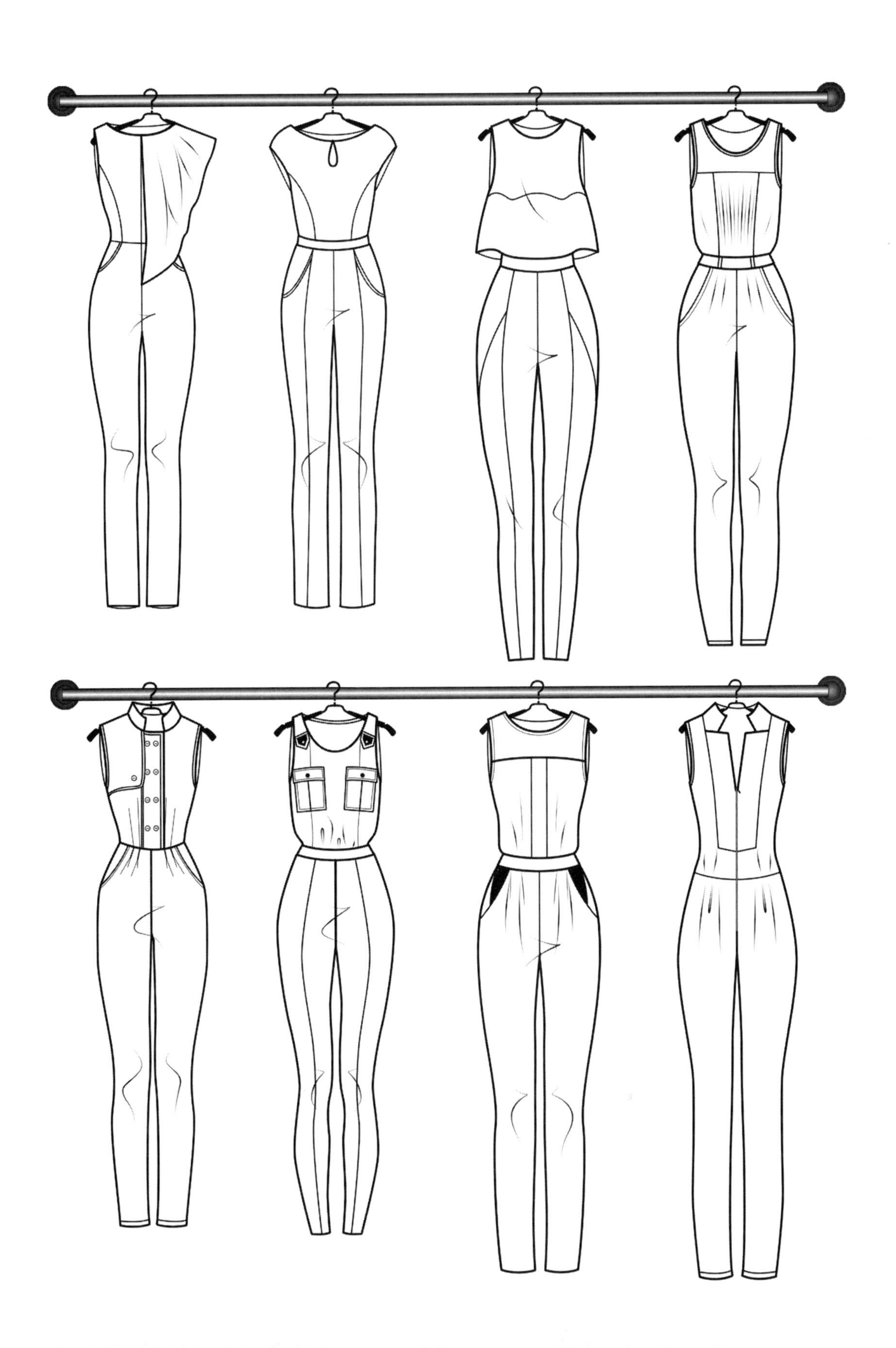

加入了蕾丝和印花元素的连体裤，给人更加丰富的视觉感受，而裹胸式的连体裤更具有时髦感，在细节处体现了品质感，令服装看起来更加生动、别致。

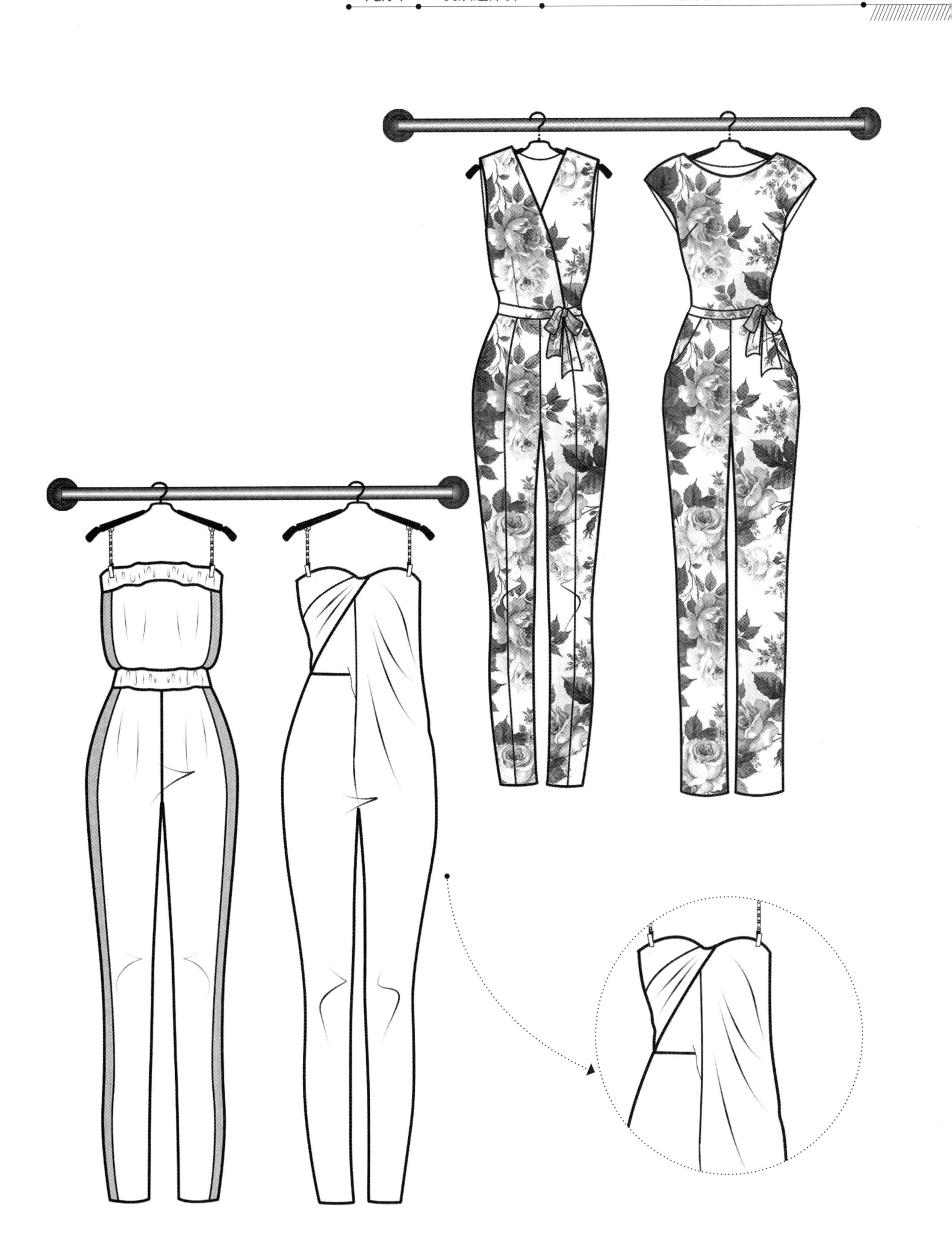

Part 5

针织开衫

Knitted Cardigan

这一章向大家展示针织开衫的款式设计技巧以及人体着装图和款式图的表现技法。针织开衫的设计除了要把握廓型和结构外，其组织织物的变化是其区别与机织面料服装款式设计的一大亮点。

无袖针织开衫
Sleeveless Knitted Cardigan

这里讲的无袖针织开衫就是我们平时穿着的毛线坎肩，这里向大家展示了三款坎肩的设计以及款式图的表现技法。第一款开衫坎肩是通勤的款式，罗纹领口和下摆以及粗针的大麻花绞花设计是很多女孩的必备款。在人体动态表现上，设计者选用了一个 3/4 侧面，内搭了一条连衣裙使得基础款的背心看起来很时尚，配饰上增加了帽子和书包，一双松糕鞋使得整体服装极具年轻活力。第二款是一款短款的开衫坎肩，领子加入了荷叶边的设计，平针织物使得款式看起来清新、可爱。第三款将领子变化为高领，开衫无门襟的设计使得款式看起来成熟、干练，三款开衫因设计不同而呈现出截然不同的风格特点。

本页第一排的三款短袖开衫的廓型一样，通过变换其内部组织织物和结构分割线来呈现不一样的视觉感受，第二排的三款则是通过增加口袋和改变衣服长度来区别其设计特点。

短袖针织开衫

Short Sleeved Knitted Cardigan

长袖短款针织开衫

Long Sleeved Short Knitted Cardigan

一款长袖的针织开衫是每一个女孩衣柜里必不可少的秋冬季单品，搭配连衣裙或者衬衫穿着都十分时尚。在设计技法上，除了常用的罗纹门襟，也可以采用拉链门襟，对肩的设计除了常规肩型，现在也很流行落肩和露肩的设计。另外，此类开衫也可以用到粗针绞花、印花图案或者提花几何图案的设计。

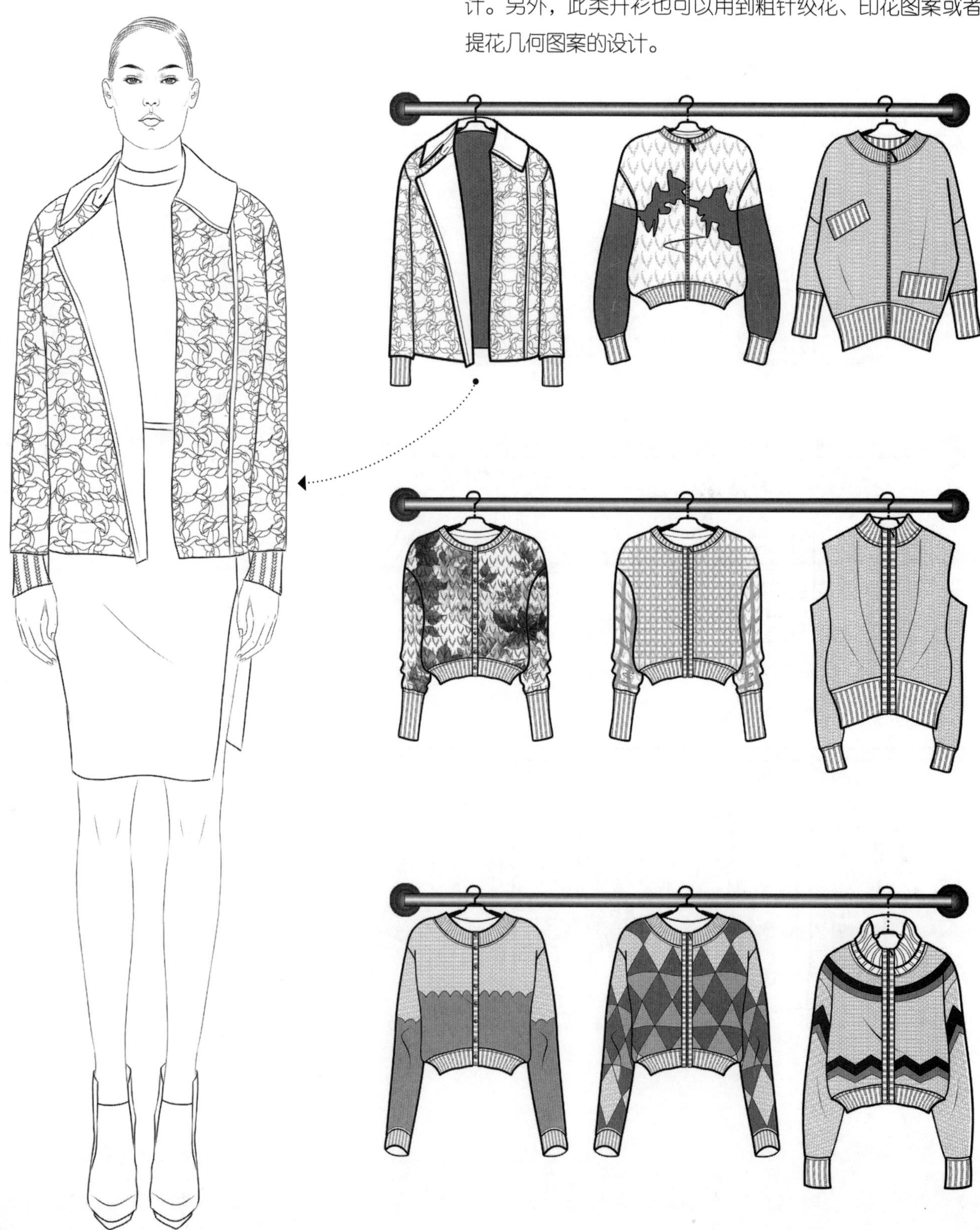

长袖短款针织开衫适合于搭配高腰裤或者高腰裙，整体装扮看起来复古、时尚。领口的设计大多采用罗纹领口，而荷叶边和系带的设计融入其中，又为此类开衫增添了不少活力和设计感。

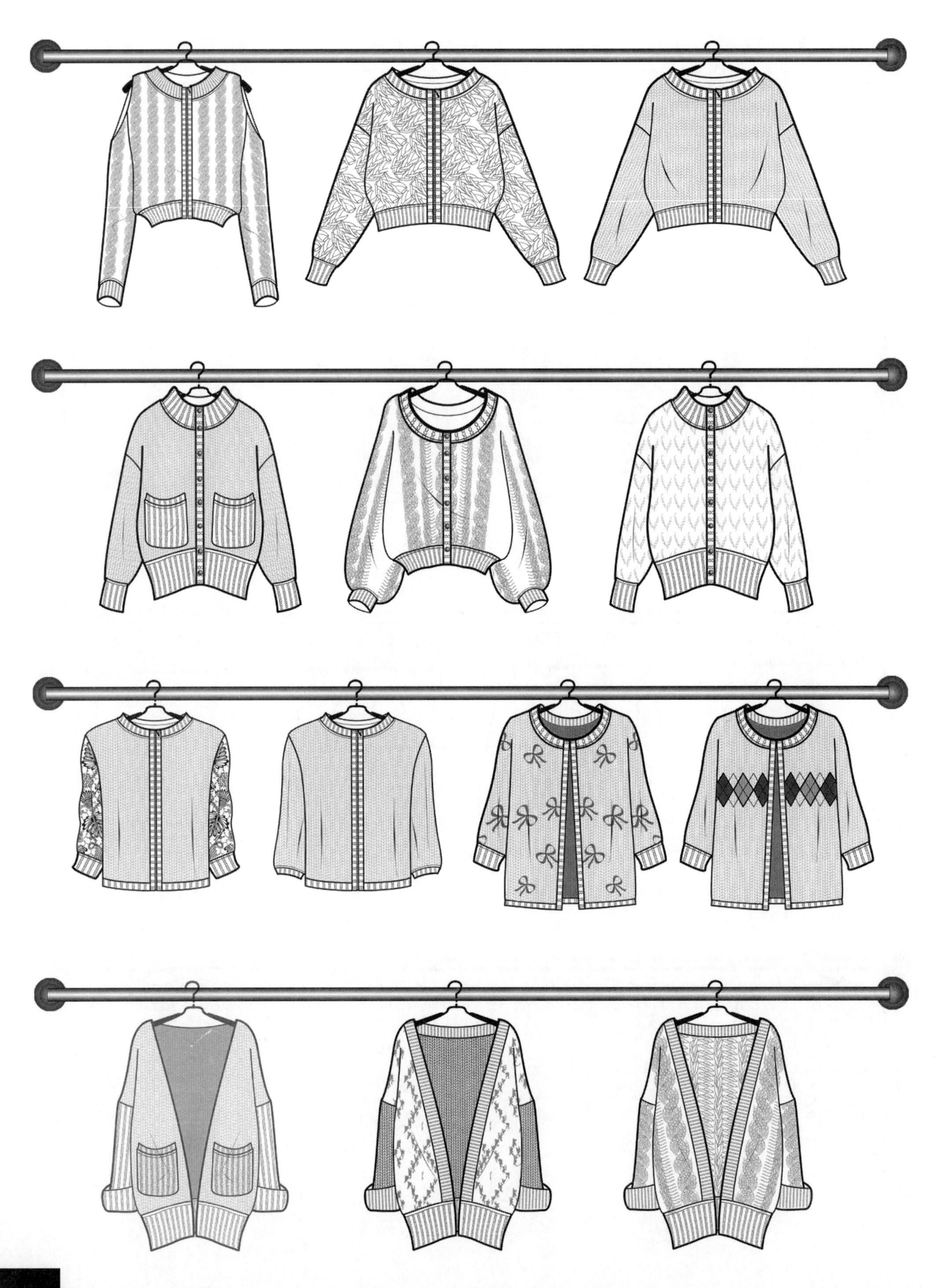

长袖中长款针织开衫

Long Sleeved Knitted Cardigan

长袖中长款针织开衫是今年最流行的冬季款，其设计亮点在门襟，西装领的设计常常被融入到针织服装的款式中，改变前后的长度也可以给衣服不一样的视觉感受。

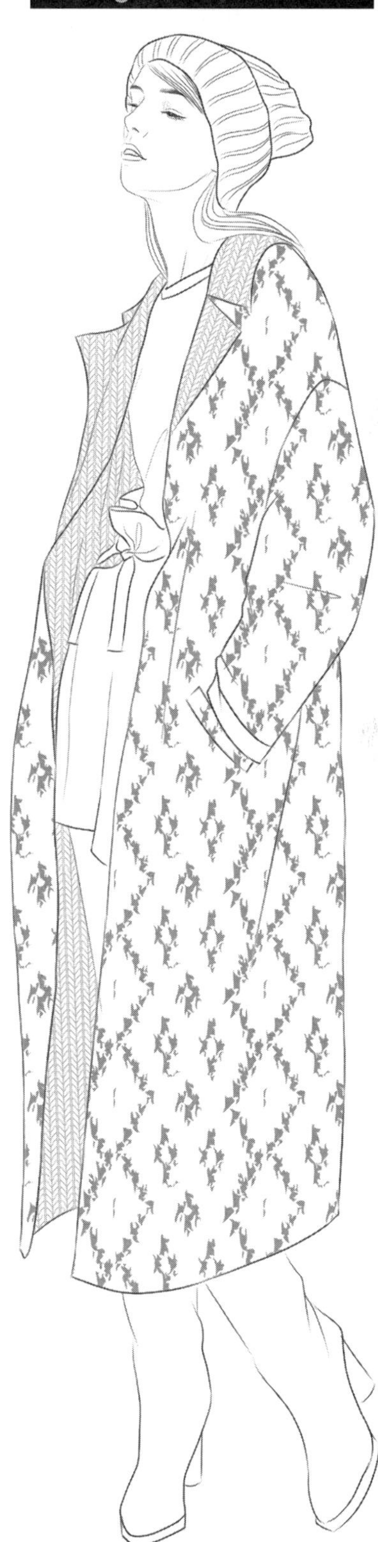

本页向大家展示了各种款式的针织开衫，袖口多采用罗纹设计，收紧的罗纹袖口不易变形且保暖性好。在绘制款式图时要注意线条的流畅性，以及结构线的准确性和整体的比例。

本页向大家展示了六款开衫，其中有两款同廓型、连帽的长款开衫，一款为平针百搭款开衫，一款是格子提花元素开衫，彰显了复古学院风。在绘制人体动态着装图时需注意织物图案前后的层次感和虚实感。

本页加入了豹纹、桃心、波点的针织提花元素，向大家展示了同样廓型、不同提花元素所能打造出的迥异风格。

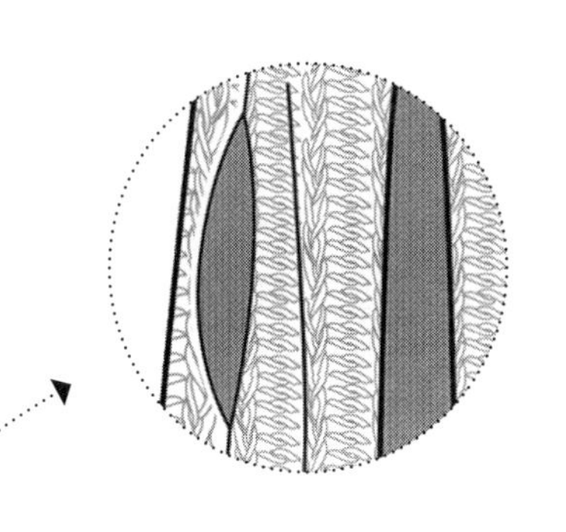

披肩式针织开衫

Inverness Knitted Cardigan

本页向大家展示了八款披肩式针织开衫，有无袖款和长袖款，有西装领和翻领。在设计闭合方式时，需注意穿脱的便捷性，绘制技法上注意线条的流畅性和组织织物的比例。

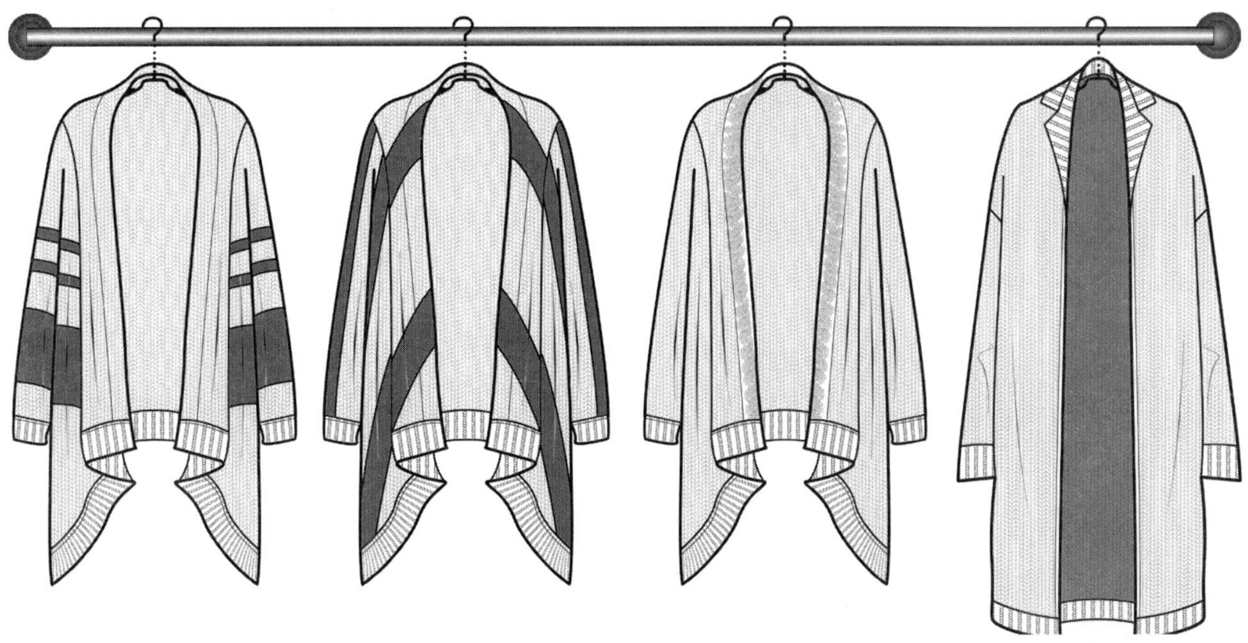

Part 6

针织套头衫

Pull-on Knitted

这一章的针织套头装。从无袖、短袖到长袖，分别展示了各自的设计特点。在人物动态表现上也尝试运用了不同的姿态和搭配手法，向大家展示丰富的款式和动态图。

无袖套头针织衫

Sleeveless Pull-on Knitted

本页向大家展示的九款无袖套头针织衫设计风格变化丰富。在人物动态表现上需注意五官的细致刻画，注意身体线条的流畅性和服装表现的层次感。

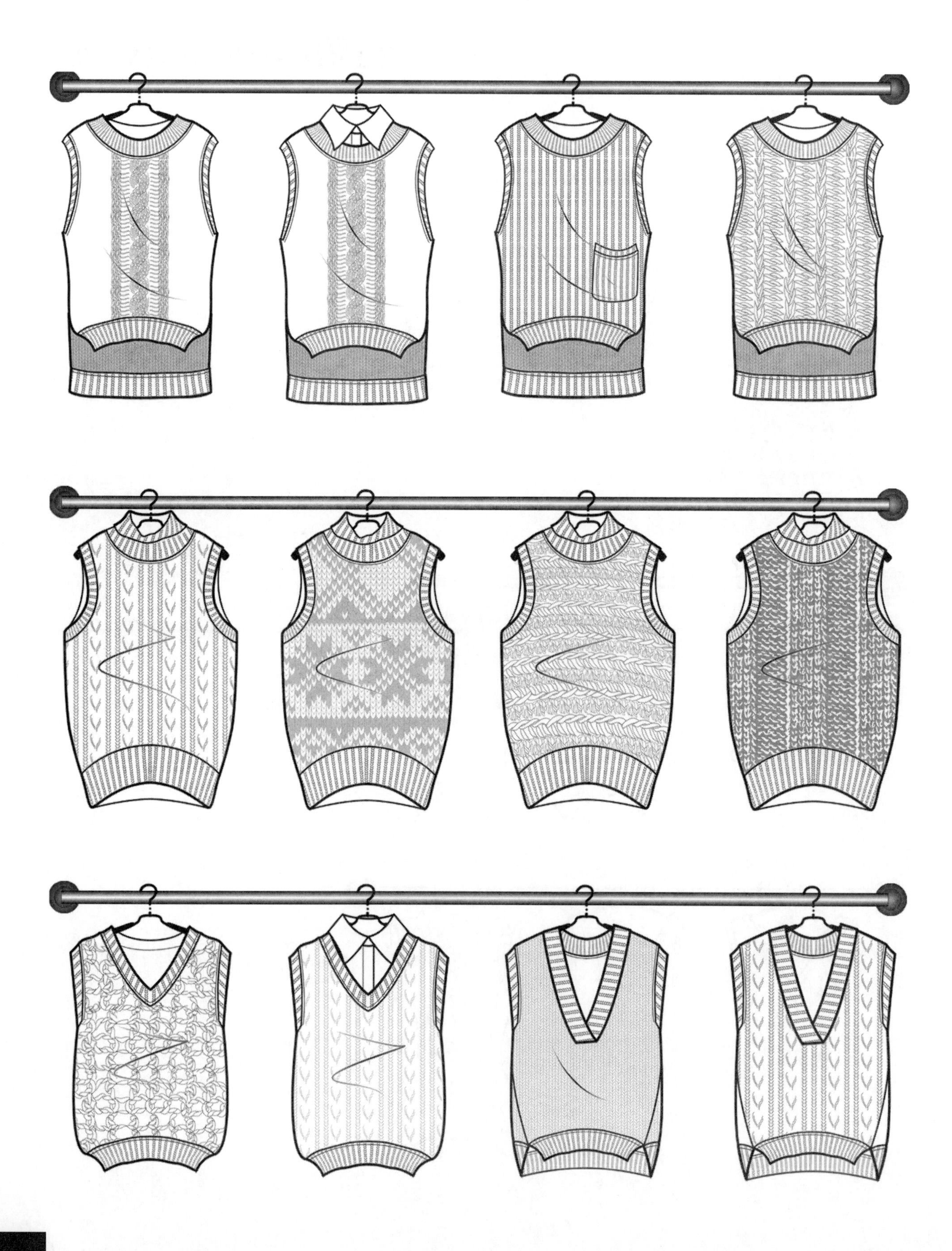

本页在提花组织里加入了卡通图案、字母和格子条纹，使得款式看起来年轻、时尚。在款式设计中加入荷叶边和抽褶的元素，需注意其设置的位置和绘画技巧的表现。

针织套头衫的廓型变化也是非常丰富的，请大家体会针织套头衫在不同廓型条件下所表现出风格特点。

短袖套头针织衫

Short Sleeved Pull-on Knitted

短袖套头针织衫的设计亮点在于袖子的设计，袖子可以是合体或者宽松的蝙蝠袖。这一类型针织衫在板型上的变化也是非常丰富的。

长袖套头针织衫

Long Sleeved Pull-on Knitted

本页为长袖套头针织衫加入了蕾丝的元素，令款式看起来更加富有层次，给人华丽、精致的视觉感受。在毛衫的厚重感中加入蕾丝的细腻感能够打造出令人惊喜的视觉感受。人体动态表现上可以采用轻松的姿态来展示服装的特点。

本页主要向大家展示针织套头衫的织物肌理变化，从绞花的变化到提花图案的变化，从条纹到动植物，其设计手法非常丰富，请大家感受每个款式的风格特点。

在长袖套头针织衫的人体动态表现图中，当确定了人物的比例后，要注意线条的流畅性，线条要一气呵成，不要拖泥带水。另外，人体动态可以做一些创新姿势的描绘，使其看起来更加生动、自然。

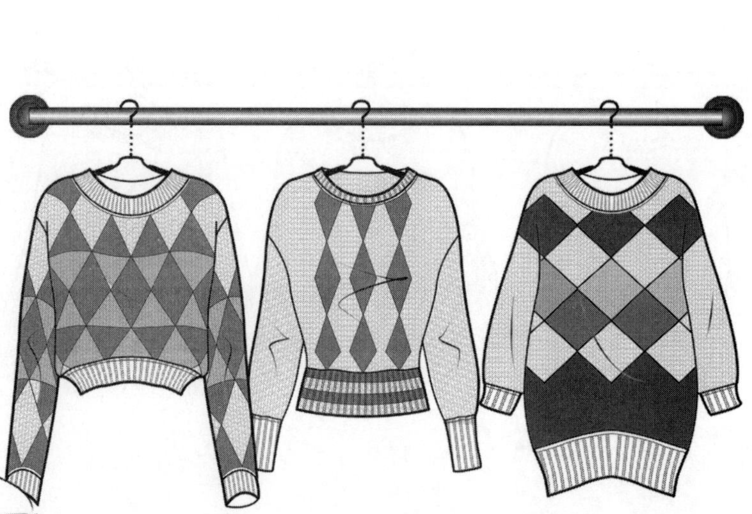

在绘制款式图时要注意粗细线条的对比，使得款式图看起来更加有层次。一般情况下，强调外部轮廓的线条用粗线条，而内部结构线条和分割线则用细线条。

本页向大家展示了提花织物的纹理变化所带来的不同设计风格，需注意罗纹领子的绘画技巧以及领子的细节变化。

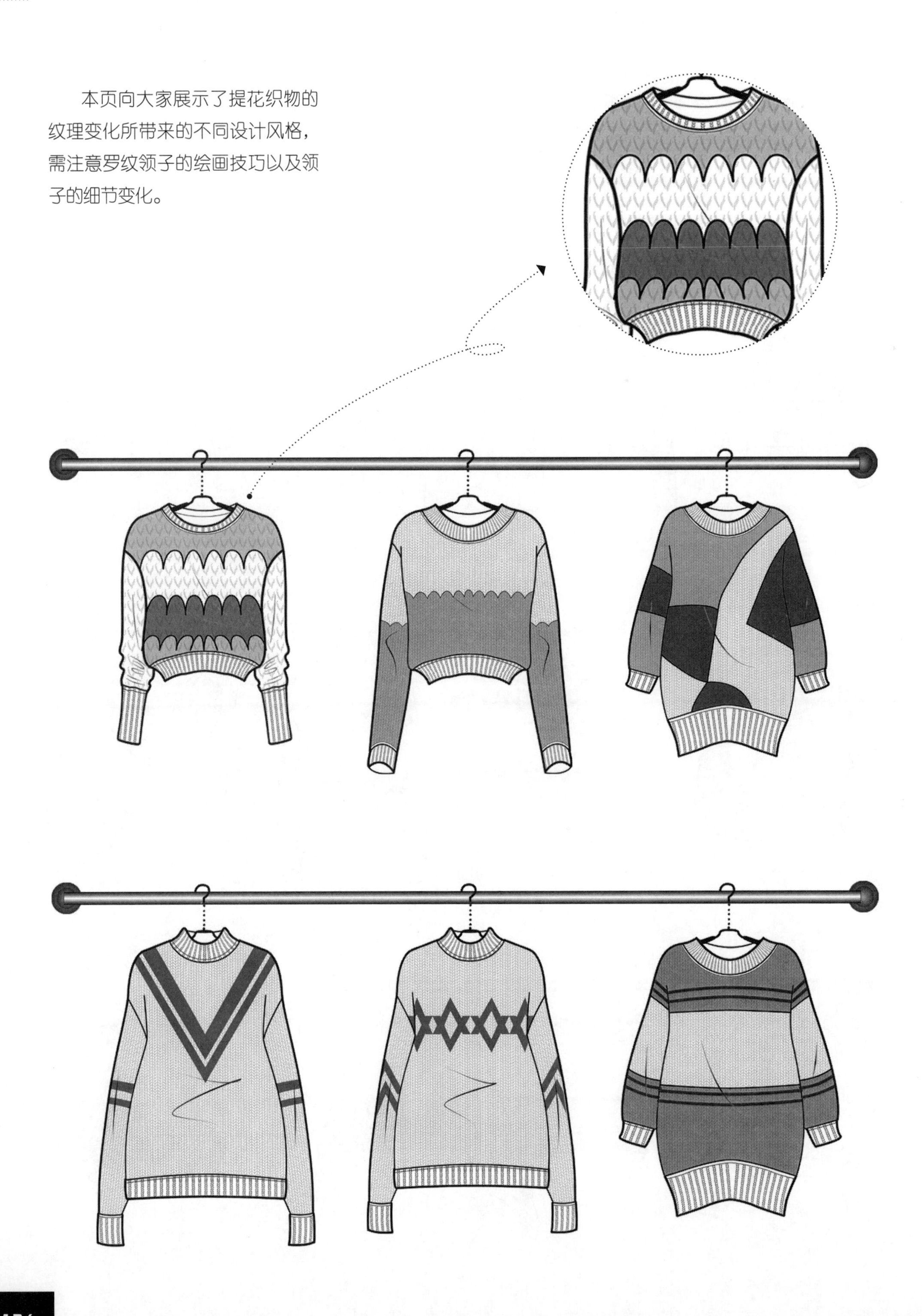

花朵、豹纹、蝴蝶结、星星、蝴蝶、骷髅头、字母这些图案元素常常被运用于针织提花织物中，风格时尚、前卫。

本页向大家展示的是具有甜美风格的针织套头衫，其设计要素是加入了蝴蝶结和荷叶边的元素。蝴蝶结可以从其大小和放置的位置上去考虑其设计方法。例如，图中的四款蝴蝶结位置和装饰方式不同，但却同样给人可爱、甜美的感觉。

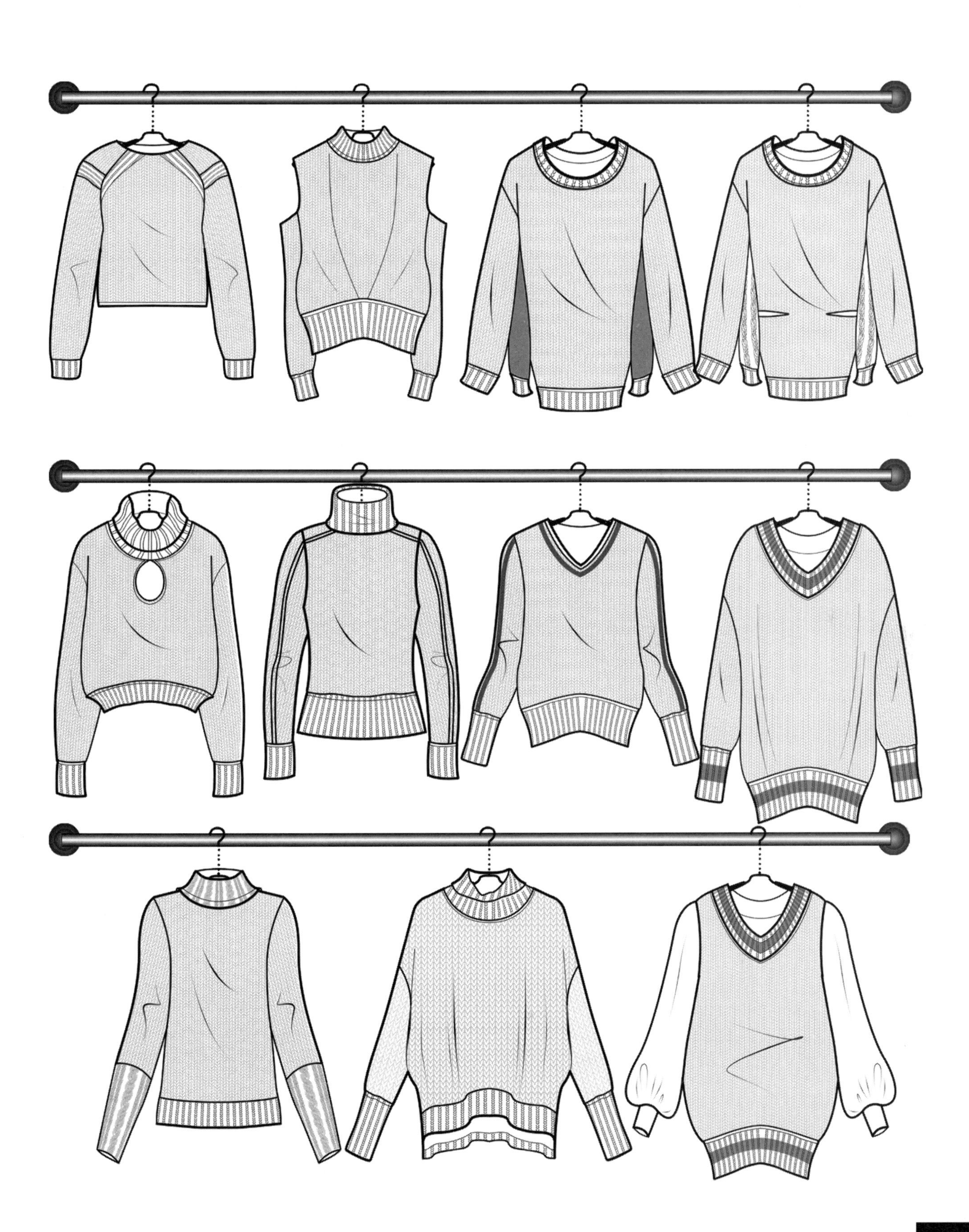

拉链的设计令针织套头衫更加时尚、个性。人体动态表现上则搭配了一条中长裙和一个手包以及长靴来体现服装穿着的季节性特点。

本页主要强调了结构设计的变化对服装款式的影响。

本页向大家展示的是加入了波点、条纹、衬衫领等元素的套头针织衫。

Part 7

针织裁剪上装

Knitted Clothes

针织裁剪上装是通过对针织布裁剪缝合而成的衣服，其特点是面料柔软且具有弹性，穿着透气舒适，因此常常作为打底衫和运动装。这个章节分别讲述了T恤、Polo衫、棒球服和卫衣的款式设计技巧和绘画特点。

无袖 T 恤

Sleeveless T-shirt

T 恤作为基础款针织上衣，其实穿性很强，设计手法也非常多样。本页向大家展示了通过增加荷叶边、分割线、拼接网布或者罗纹、印花等设计手法所表达出不同风格的款式，意在帮助大家拓展设计思路。

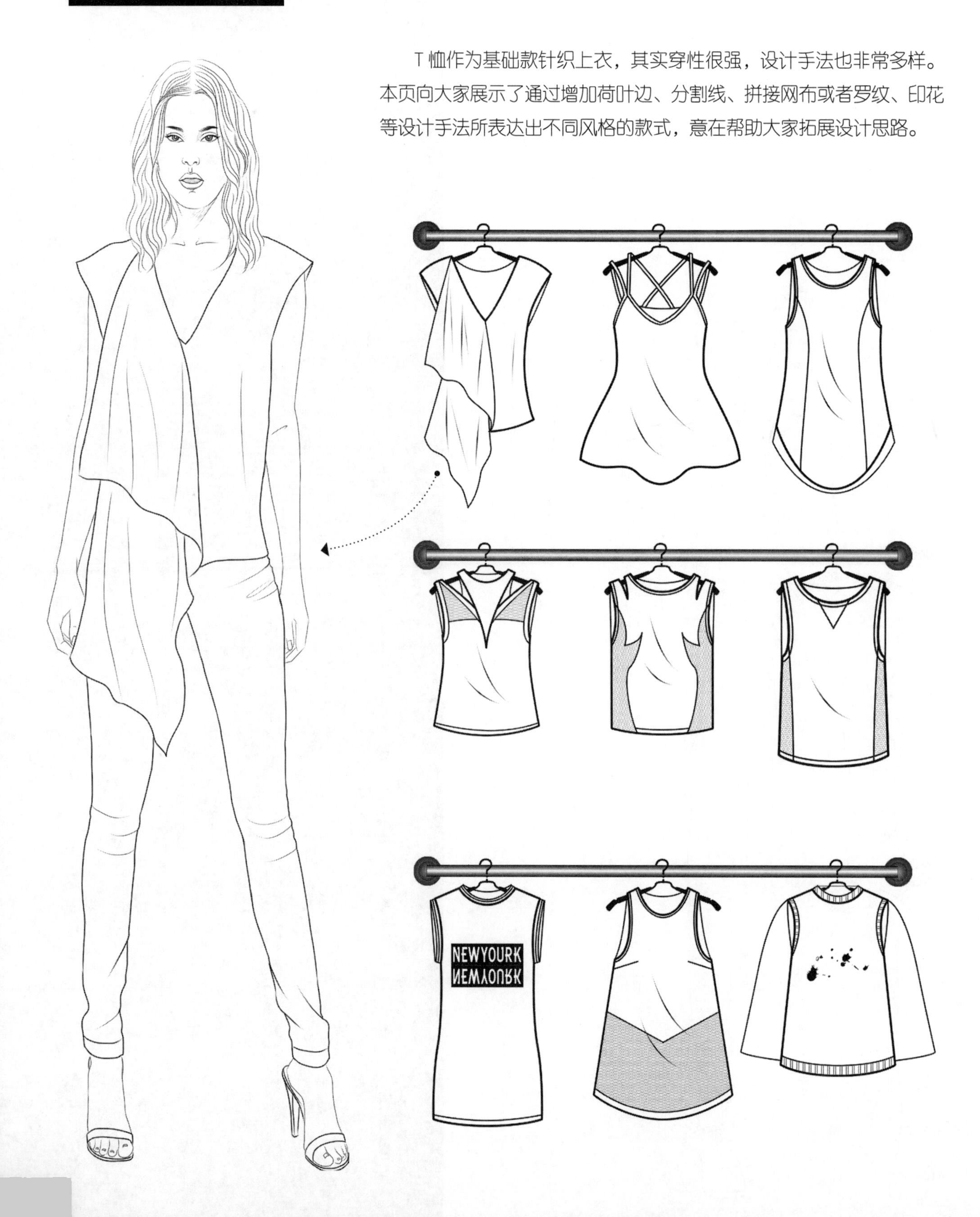

短袖 T 恤

Short Sleeved T-shirt

本页向大家展示了多种设计手法，如抽褶的插肩袖、立裁的领子、假两件套、网眼拼布、字母印花、领边镶嵌蕾丝花边等。

豹纹的加入令 T 恤更富潮流感，其设计手法多样，可以拼接局部使用或者与印花字母组合。除了豹纹，本页还可以看到系带、蕾丝拼接、分割线设计以及字母装饰等设计要素。

长袖 T 恤

Long sleeved T-shirt

设计长袖 T 恤时除了要考虑其外穿性也要考虑其内搭性，若外搭风衣或者背心就要注意 T 恤前衣片图案的设计和袖子的结构设计。

保罗衫

Polo Shirt

Polo 衫的表现特点主要在于衣领和门襟的设计，尤其要注意衣身分割线的设计以及口袋的位置。

棒球服

Baseball Cloth

棒球服是必不可少的时尚单品，其设计元素多运用字母印花、面料拼接以及缝制印章来增加时尚感。棒球服的领口、袖口和下摆处多采用罗纹，因此要注意罗纹绘制的肌理层次感。

卫衣
Hoodie

“卫衣”诞生于 20 世纪 30 年代的美国纽约，当时是为冷库工作者生产的工装。由于卫衣舒适、温暖的特质而逐渐受到运动员的青睐，不久又风靡于橄榄球员女友和音乐明星中。卫衣兼顾装饰性与功能性，融合了舒适性与时尚感，成为年轻人日常造型搭配的首选。

卫衣的面料一般比普通的长袖衣服要厚，袖口紧缩有弹性。如今，所有的品牌都在推出各式各样款式和图案的卫衣。卫衣叛逆的气质渐渐消磨，转而成为大众服装而大受追捧。

卫衣的价格并不高，所以是学生的最爱，这进一步为卫衣的推广提供了便利。

卫衣多运用于春秋季节中，版型以合体型和宽松型为主，是休闲类服饰中很受欢迎的服饰类型之一。由于兼具舒适性与时尚感，卫衣成了各年龄段运动者的首选装备。卫衣的涂鸦设计彰显了年轻人的个性，且配搭随意，运动裤、牛仔裤、裙子都可以与之搭配出轻松的时尚感。

卫衣的发展与时尚潮流的变化联系紧密，每年都有不同风格的卫衣面世并为大众所喜爱，其设计手法也丰富多变。本页五款卫衣中分别加入了印花、拉链、网眼面料拼接、不对称下摆分割线、字母等设计元素，展示了卫衣款式设计的多变性。

Part 8

机织上装

Tatting Clothes

机织面料是由两组或两组以上的相互垂直纱线，以 90° 角作经纬交织而成的织物。纵向的纱线叫经纱，横向的纱线叫纬纱，机织是区别于针织的称法，是用梭子带动纬纱在上下开合的经纱开口中穿过，构成交叉的结构。机织面料非常丰富，其款式设计也变幻莫测，这一个章节我们将以机织上装为例向大家展示其设计手法和绘画技巧。

无袖衬衫

Sleeveless Shirt

衬衫是穿在内外上衣之间，也可单独穿用的上衣。衬衫的款式变化多样，本页向大家展示了九款无袖衬衫，其款式变化主要体现在领子、袖口、门襟和廓型变化上。

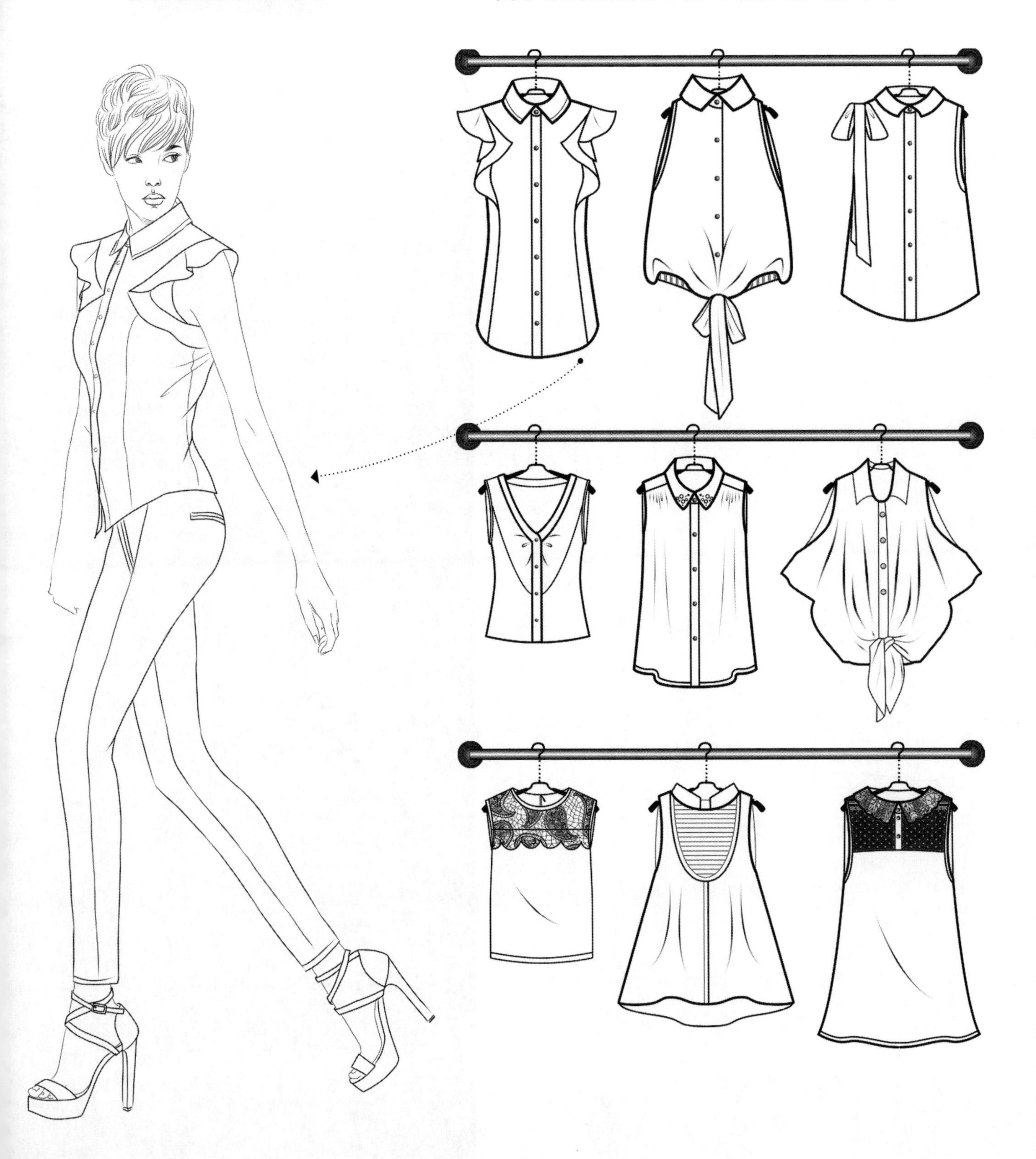

将蝴蝶结、系带、蕾丝拼接、印花图案等元素运用到衬衫设计中会带来怎样的视觉感受，请大家细细品味。

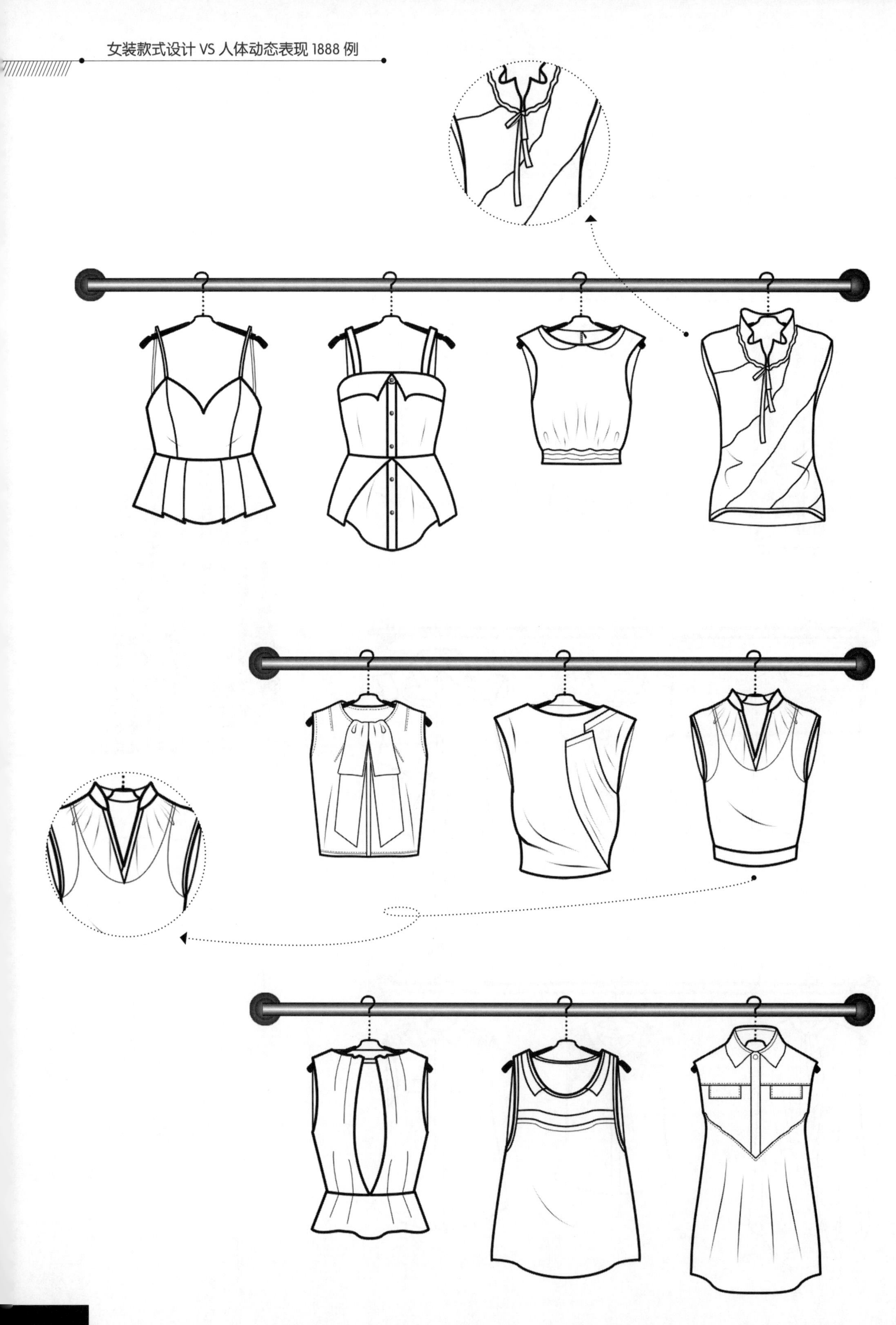

短袖衬衫

Cotta Shirt

本页展示了多种风格的衬衫，有灯笼袖复古风格的款式，有系带欧美风格的款式，也有蝴蝶结甜美风格的款式。

本页运用了更为复杂的设计手法，如分割线设计、立体花的设计、层叠荷叶边的设计等，使款式呈现出非常丰富、立体的视觉效果。

在衬衫款式图的绘制上，特别要注意线条须保持流畅，各个细节的比例尺寸要准确，结构线也要精准到位。

七分袖衬衫
The Seven Quarter Sleeve Shirt

本页向大家展示了六款短袖衬衫，我们可以看到多种风格领型的变化。在设计衬衫时，下摆的弧线可以作为设计重点，为整体造型打造不一样的视觉感受。

长袖衬衫

Long Sleeve Shirt

本页向大家展示了九款常规款长袖衬衫，在领型、袖子、门襟、前片分割线上稍做变化，款式的廓型则有宽松式和合体式两种。

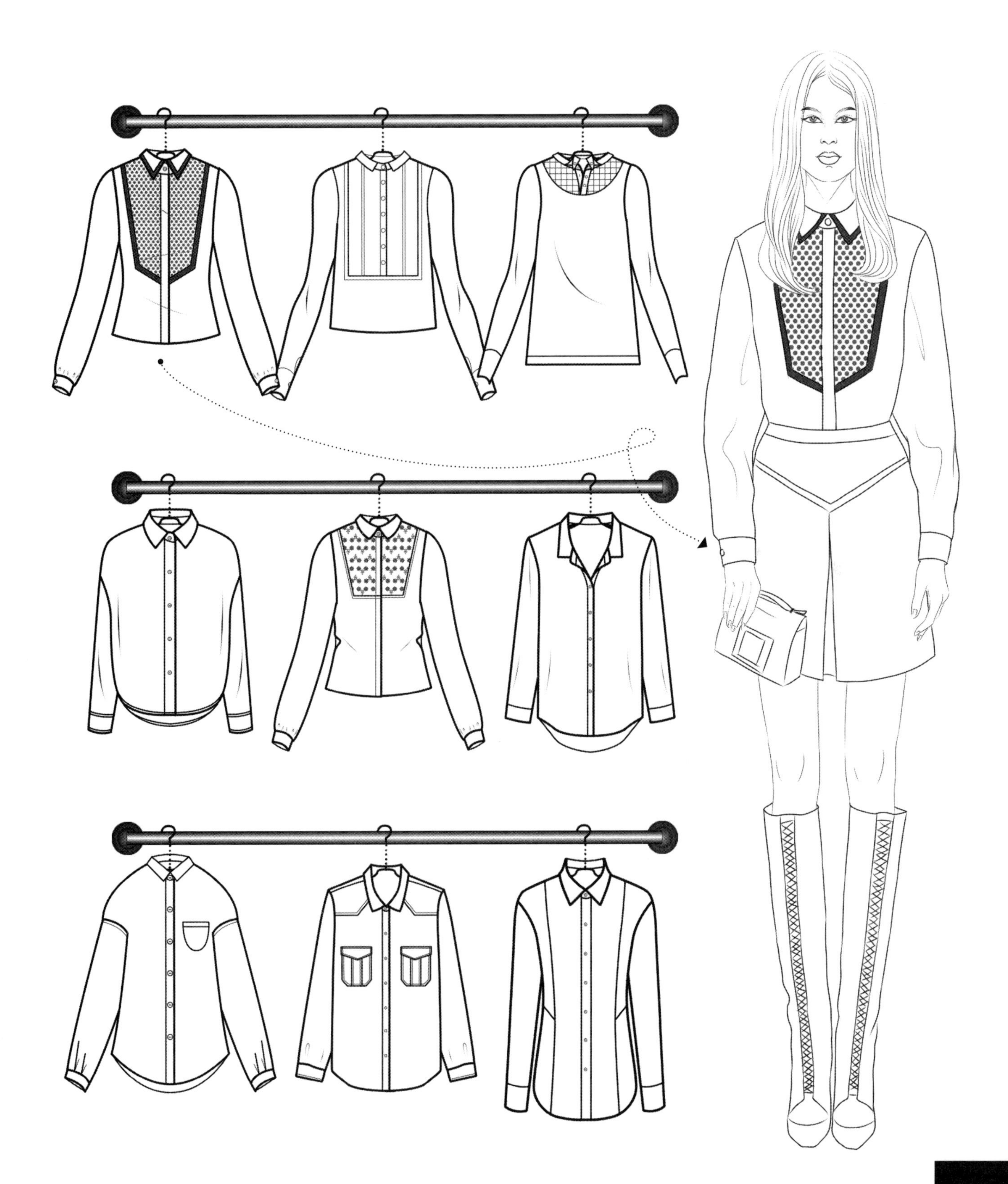

本页向大家展示了具有设计感的长袖衬衣，每一个细节和设计点都十分精致到位。

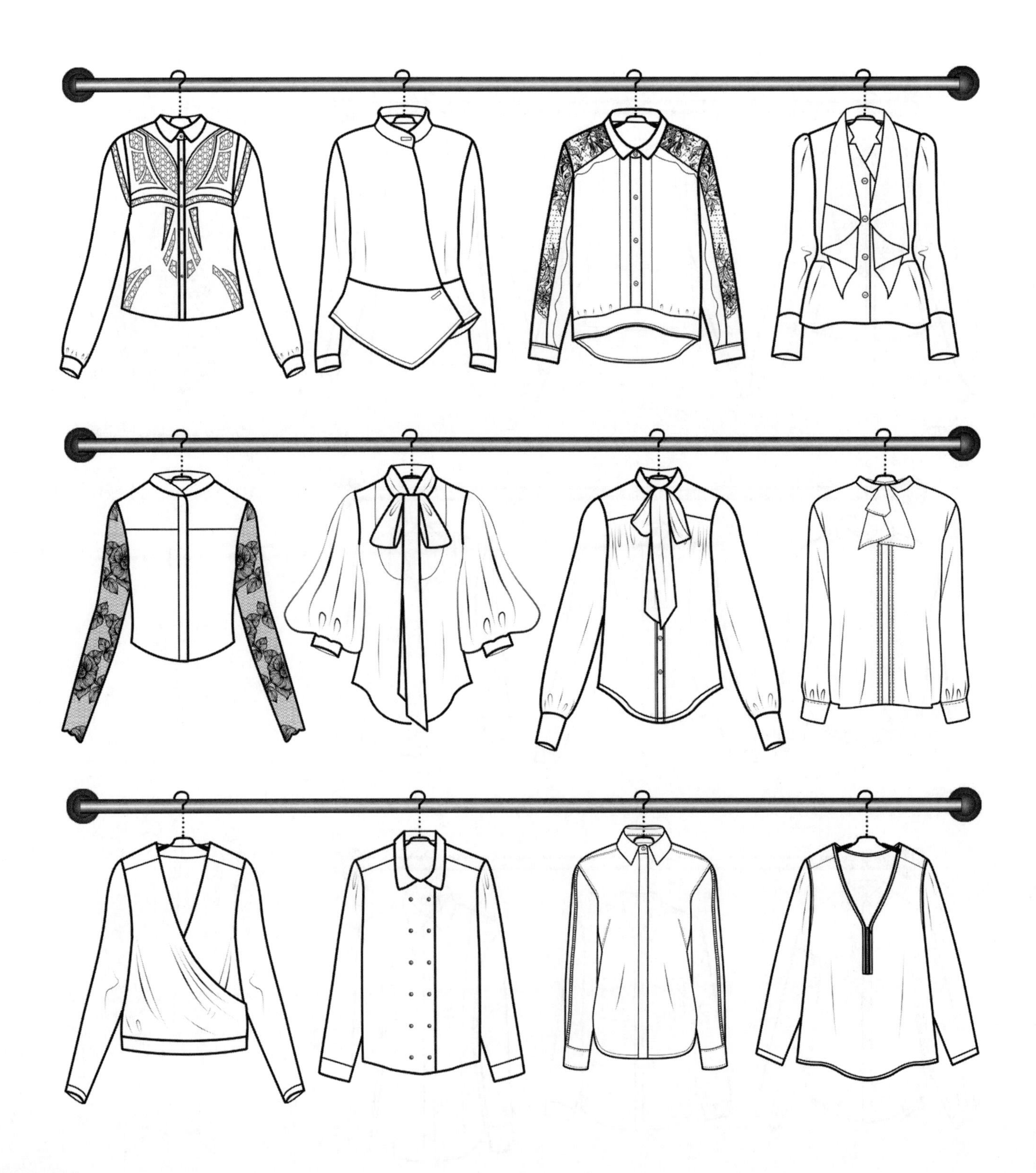

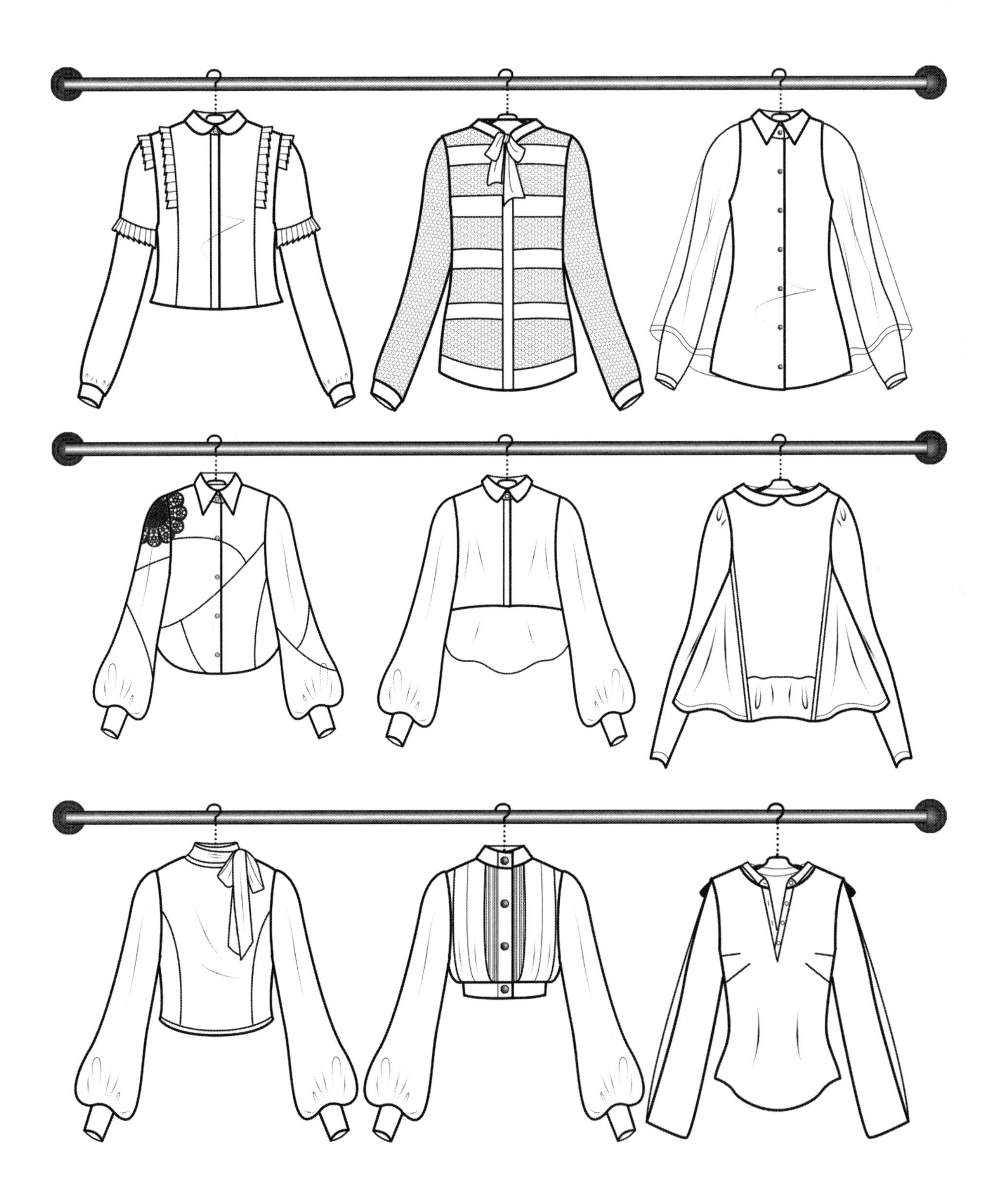

短外套

Naist

短外套的设计重点在于结构分割线的运用，如果用分割线来凸显身体线条以及让款式看上去更加时尚，需要不断积累设计经验和提高审美能力。

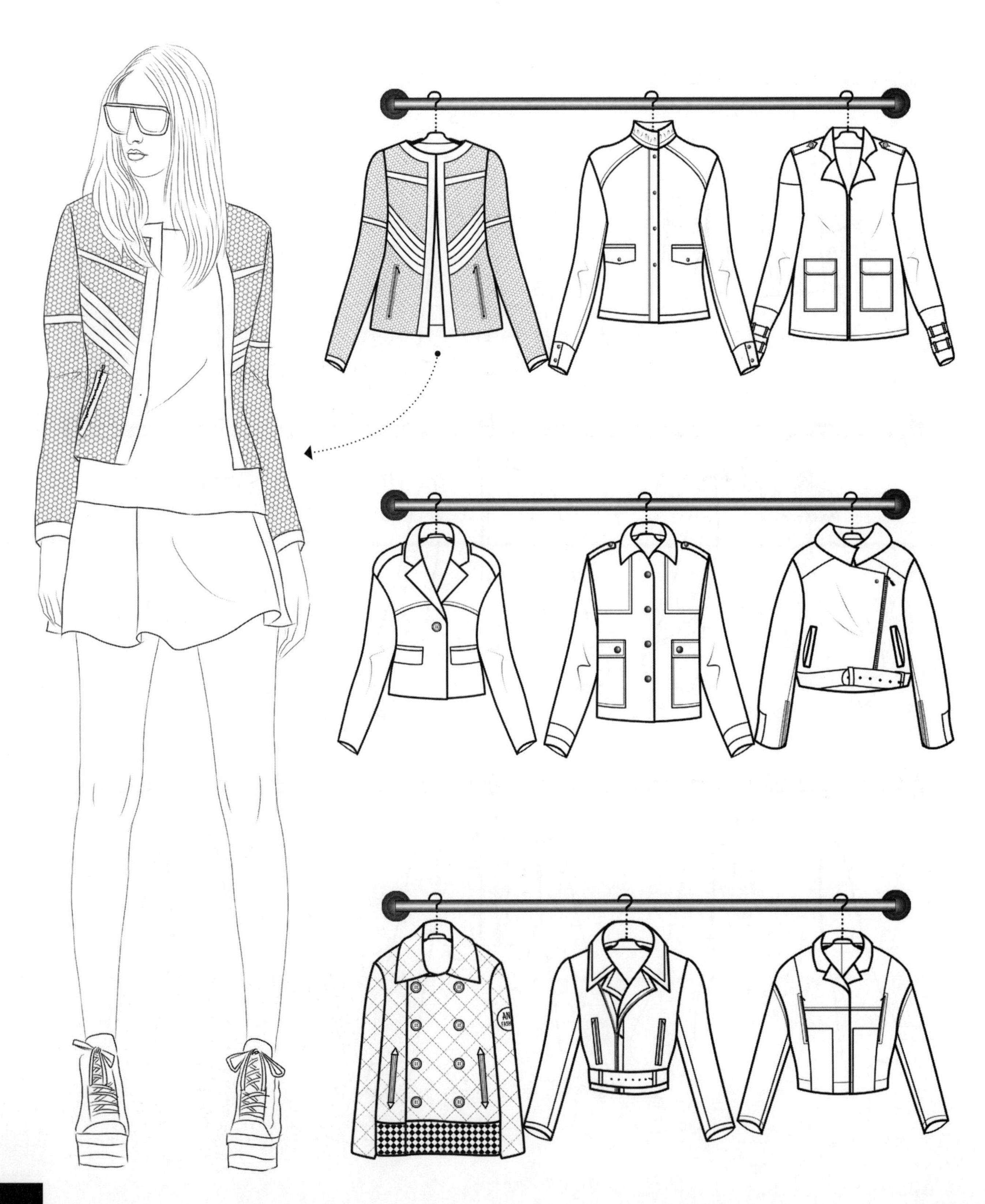

本页的短外套款式风格差异较大，面料也非常丰富，有透气的网眼面料、厚重的呢料，也有悬垂性较好的化纤面料，并融入了印花图案作为装饰。在短外套腰部的设计中可加入皮带，领型上可选择西装领或机车夹克领，可以根据不同的设计主题延展出丰富的款式图系列。

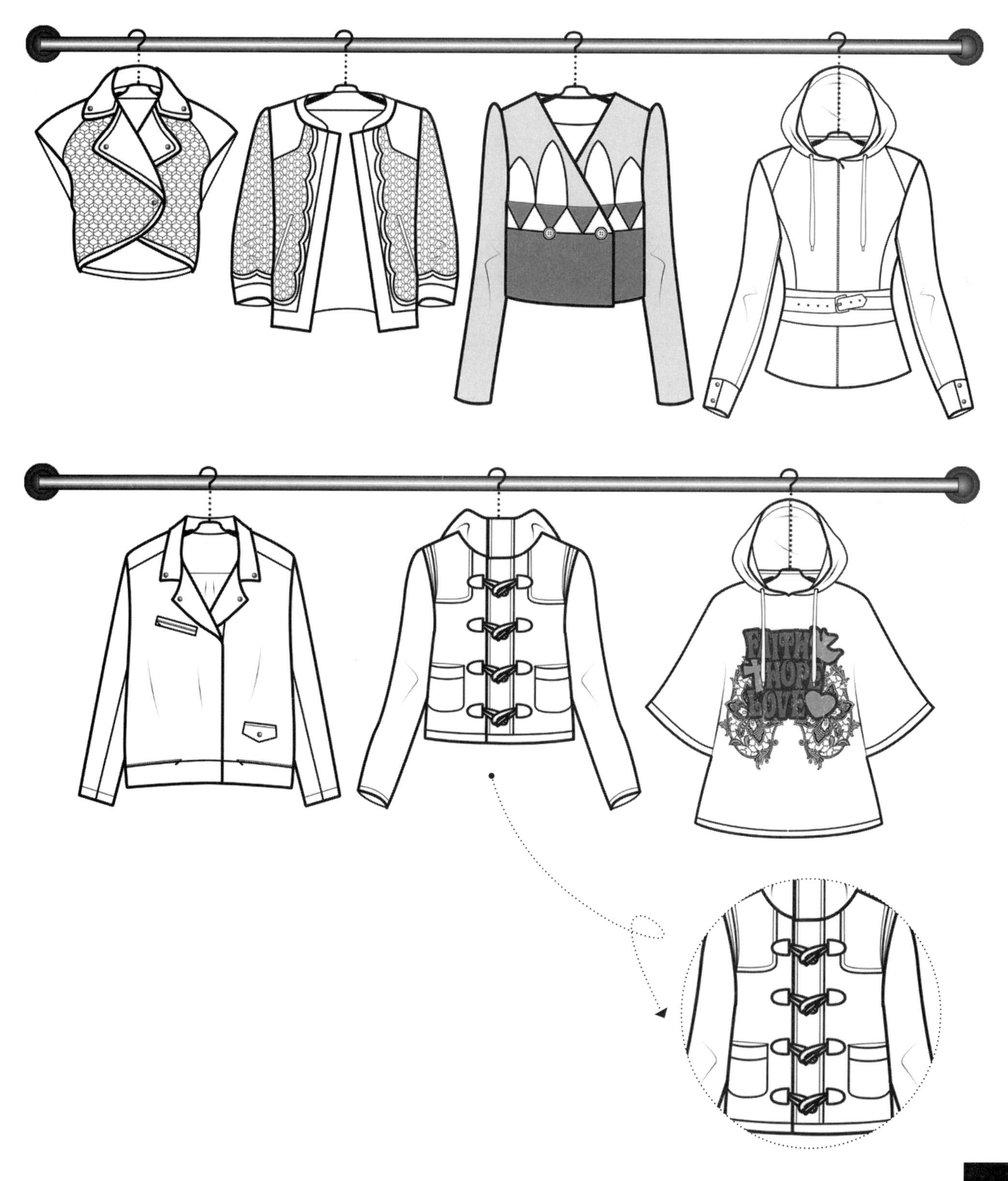

西装

Suit

西装的一般形式为：长袖、通过前门襟的闭合方式进行穿脱，长度在腰以下并盖住臀部。但随着时尚行业的发展，西装设计已经不局限于传统样式，款式创新出现了各种各样的设计方法，可与裙子或者裤子组合穿着。本页向大家分别展示了无袖款和有袖款的设计，长款和短款的设计，收腰款和直身款的设计，平驳头领、戗驳头领以及无领的设计，单排扣、双排扣、无扣和拉链的设计，西装款式的变化愈加丰富。

在对西装的设计手法的组合创新基础上，本页主要是通过改变西装的长度、面料的图案和肌理、领型的革新变化来表现丰富的时尚感。

风衣
Duster Coat

风衣是一种防风雨的薄型大衣，又称风雨衣，适合于春、秋、冬季外出穿着。由于风衣具有造型灵活多变、美观实用、款式新颖等特点，因而深受喜爱，本页向大家展示了非常经典的九款风衣。风衣可分为束腰式、直筒式、连帽式等形制，领、袖、口袋以及衣身的各种切割线条也纷繁不一，风格各异。

大衣作为秋冬季必备款除了避寒保暖，也能修饰和掩盖体型缺陷，让穿着者气质非凡。本页向大家展示了双开拉链收腰大衣、双排扣 A 型大衣、X 型大衣以及 H 型大衣，而拉链、罗纹、印章、口袋等细节的设计是大衣设计中很重要的一个要素。

本页大衣设计主要表现在对领子的变化中，如可以看到无领、高领、连帽领的设计。另外，面料可以搭配蕾丝面料来提升设计的层次感，如第一排第二款。在人体动态的表现上，我们可以用一种轻松的表情和动态来表现人体着装的状态，在搭配上要注意层次感，如在内搭配了简洁的衬衣和紧身打底裤来衬托这款无袖圆领前开襟大衣。

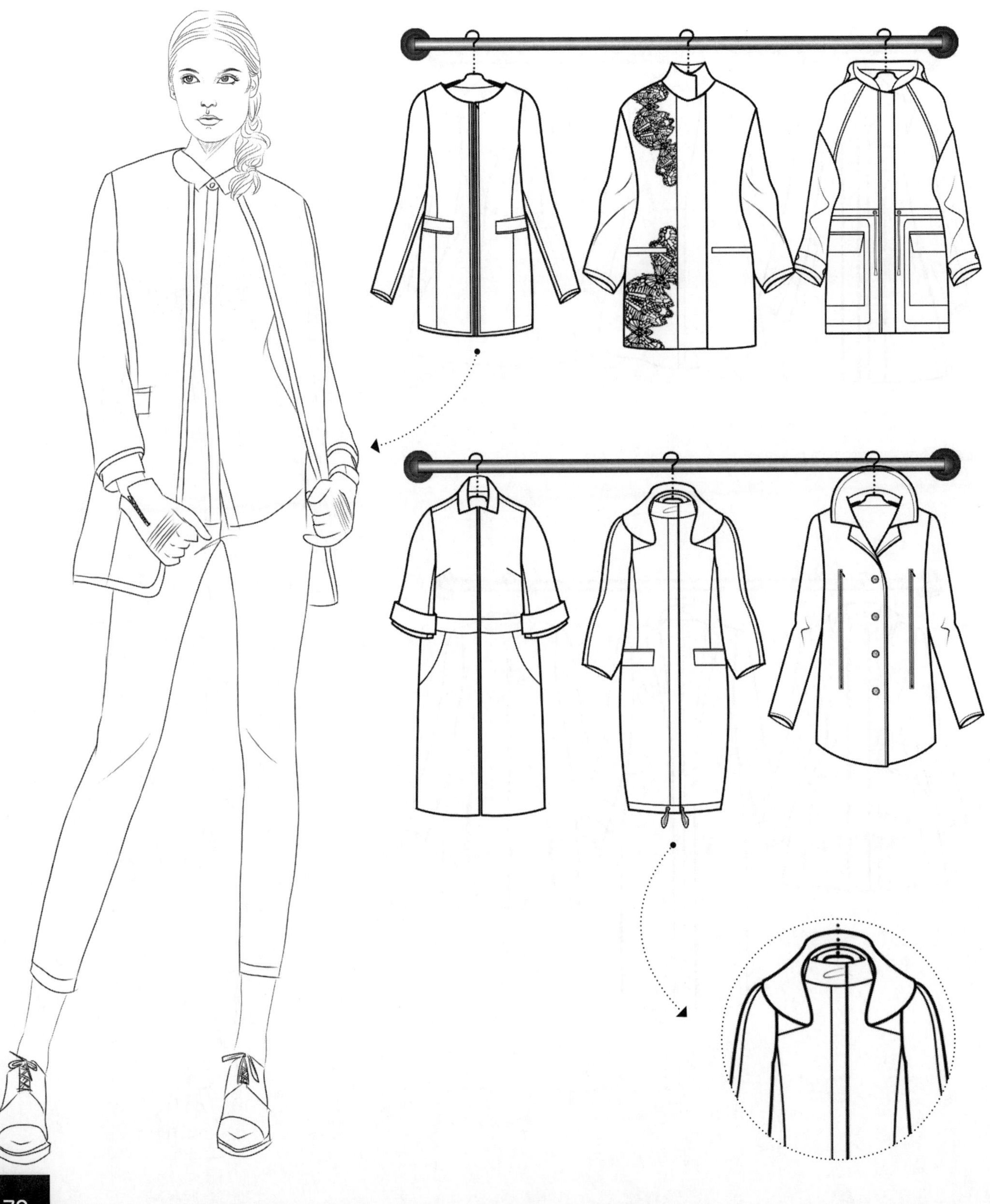

大衣的款式可在腰部横向分割，可设计为大翻领或小翻领、收腰式或宽松式、单排扣或双排扣，可作为日常生活服装穿着。

皮衣
Leather Clothing

皮衣是采用各种动物皮革，经过特定工艺加工而成的服装，多采用绗缝工艺和分割线手法进行设计，本页展示了不同风格的九款皮衣。

斗篷

Cape

斗篷，一种披用的外衣，又名“莲蓬衣”、“一口钟”、“一裹圆”，用以防风御寒。款式一般为立领、对襟，领部以下散开无纽扣，上部小下部大，形状如钟，所以又叫“一口钟”。由于斗篷是为抵御风寒而加披的外衣，所以常配有风帽和毛领。

棉服

Cotton

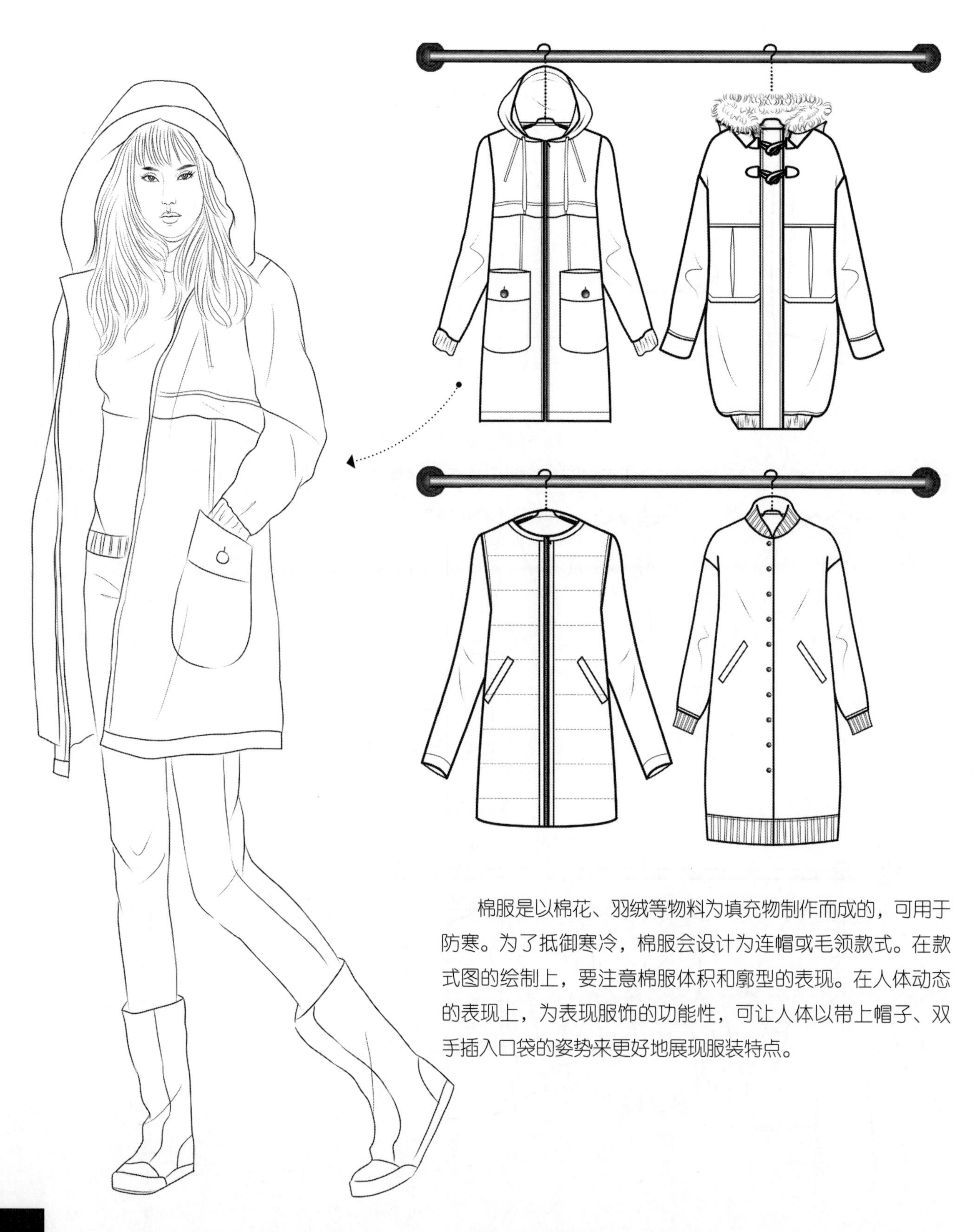

棉服是以棉花、羽绒等物料为填充物制作而成的，可用于防寒。为了抵御寒冷，棉服会设计为连帽或毛领款式。在款式图的绘制上，要注意棉服体积和廓型的表现。在人体动态的表现上，为表现服饰的功能性，可让人体以带上帽子、双手插入口袋的姿势来更好地展现服装特点。

时尚又实用的棉服是寒冷冬季必不可少的衣服。本页展示了街头感十足的光面短款棉服外套、简洁优雅的中长款棉服以及帅气的机车夹克款棉服。面料的绘制上可以用虚线画出菱形格纹或者条纹来体现棉服面料的特征。

Part 9

半裙

Skirts

半裙，是指穿着于下半身的裙子，需要搭配上装穿着，其设计手法多变，搭配性很好，根据其长短和廓型的设计能体现出不同的设计风格。

捏褶半裙

Pleats Skirts

褶皱的设计常常被运用到半裙中，抽褶的方法多样。本页展示了不同长度的半裙，搭配不同的抽褶方式，展示出不同的风格特点。

本页展示的是捏褶短半裙，看起来调皮、可爱，是少女的最爱，在设计上可以加入印花图案元素，看起来更加青春、靓丽。

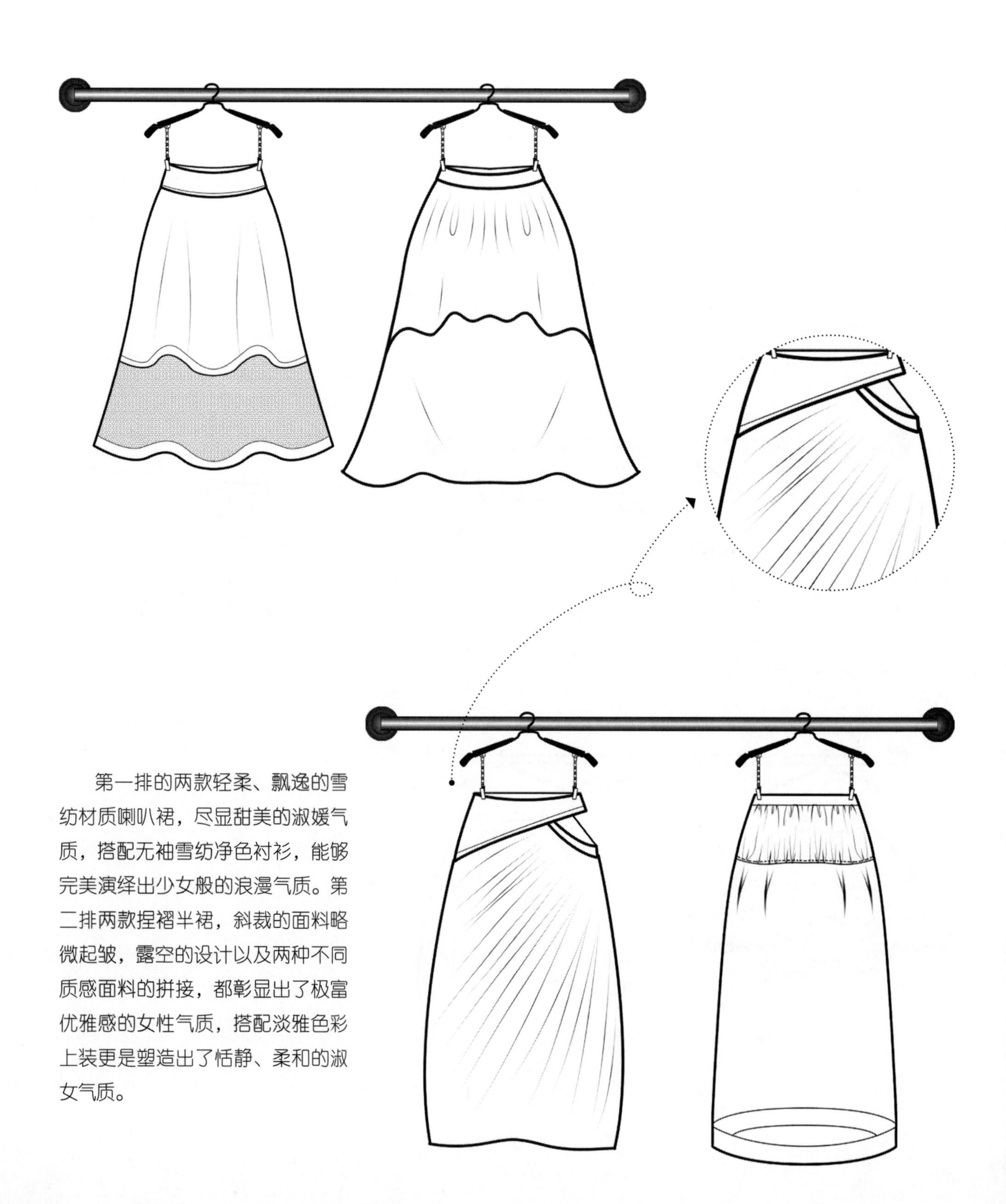

第一排的两款轻柔、飘逸的雪纺材质喇叭裙，尽显甜美的淑媛气质，搭配无袖雪纺净色衬衫，能够完美演绎出少女般的浪漫气质。第二排两款捏褶半裙，斜裁的面料略微起皱，露空的设计以及两种不同质感面料的拼接，都彰显出了极富优雅感的女性气质，搭配淡雅色彩上装更是塑造出了恬静、柔和的淑女气质。

本页展示了更为丰富的捏褶半裙款式，层叠的荷叶边、工字褶、横向分割线的融入都使得半裙的设计感丰富、饱满。

压褶半裙
Accordion Pleats Skirts

压褶是一种面料处理工艺，是通过设备在面料上压制，以制造出具有褶皱效果的面料。经压褶处理后的面料会具有更加美观的效果，使服装更为畅销，也更加时尚。例如常见的百褶裙，本页就有体现。

波点半裙

Point Skirts

波点和迷幻、鲜艳的色彩造型的结合，使波点半裙成为每个女孩的衣橱必备款。

波点常常搭配高腰线、迷你裙和鱼尾裙等经典造型，给人一种复古的感觉，几乎成为每季春季时装发布会上的重要设计元素。

条纹半裙

Stripe Skirts

条纹在当今社会已经成为了时尚常青树，不管潮流怎么变换，总有它的一席之地。

近年的条纹更为多元化：细条纹、宽条纹、规则条纹、渐进式条纹、对称条纹、斜条纹……在颜色的运用方面则更为大胆，一些强烈的对比色都可以被运用到其中。

风格简洁的条纹应用广泛，从搭配上来看，无论搭配单色T恤还是衬衫，条纹都是恰到好处，不会过分夺目但也无法被忽视。条纹的最大特色在于灵动、不死板，强烈的色差对比感强，清新、自然更添成熟、大气之感。

印花半裙
Printing Skirts

成衣中的印花多为数码印花、丝网印花等。其中，数码印花是由专用软件通过喷印系统将各种专用染料直接喷印到织物或其他介质上，再经过处理加工后，在各种纺织面料上获得所需的各种高精度的印花产品。印花半裙的优势是可小批量、快反应的生产，并且生产批量不受限制。

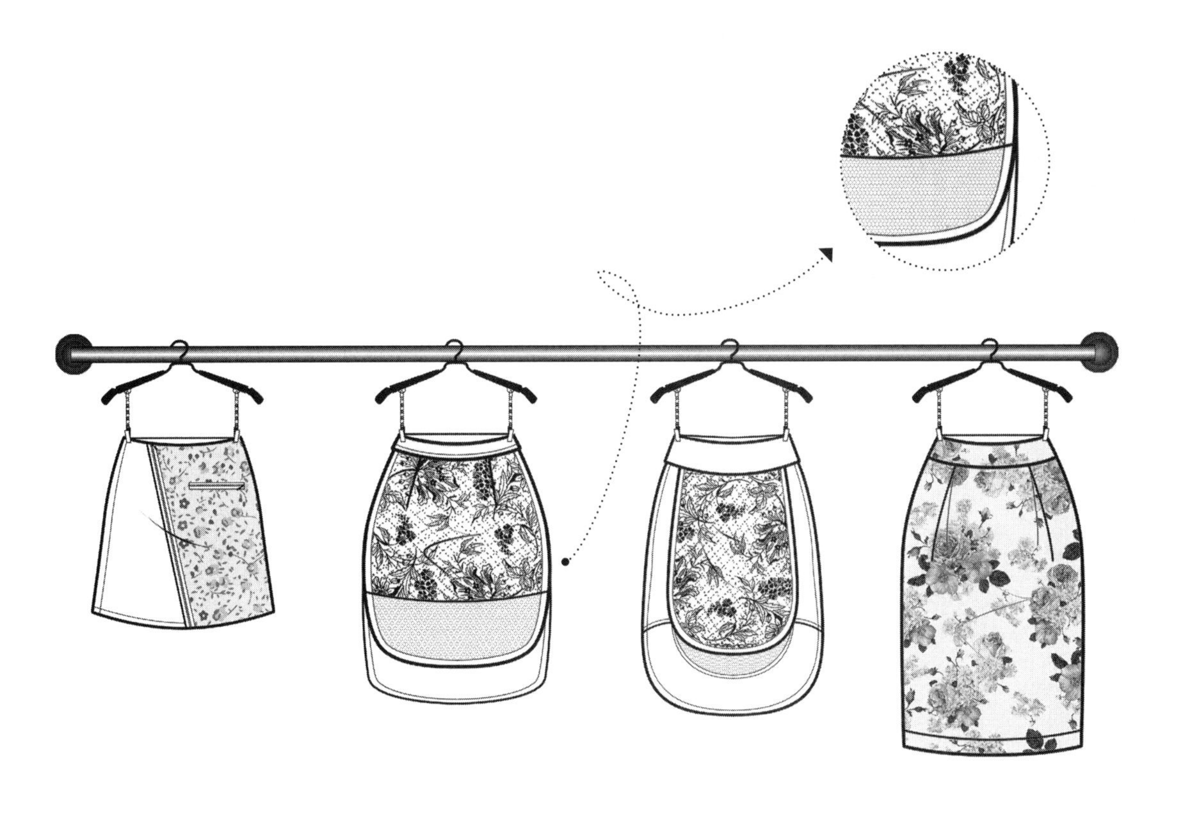

荷叶边半裙

Falbala Skirts

荷叶边，形状与荷叶相似，有层层叠叠的感觉，可用在衣领或者裙摆等处。荷叶边一般是用弧形或者螺旋裁剪的方式来裁剪的，内弧线缝制在衣片上，外弧线自然散开，形成荷叶状的曲线，也有结合打褶来制作的，可以增加波浪的起伏感。

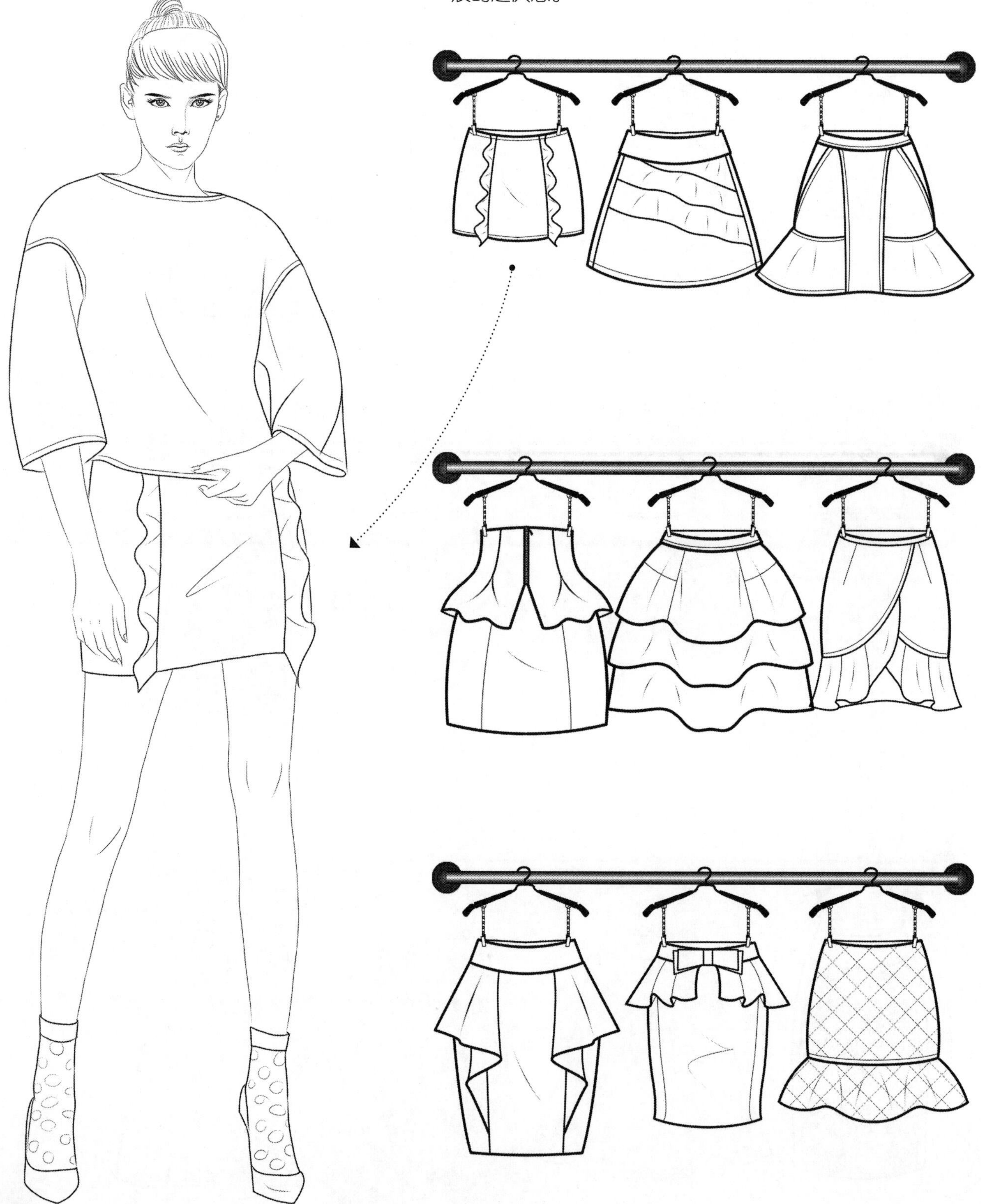

在 20 世纪 20 年代和 80 年代，荷叶边曾经大行其道，那时搭配的是粗犷的金项链。如今复古情结再次流行，层层叠叠的设计打造出丰富、立体的视觉效果。不同的是，如今荷叶边不再是简单的装饰，而是时尚的主体，成为半裙的主要装饰元素之一。

半裙的下摆是应用荷叶边最多的地方，采用悬垂性较好的面料，可以为半裙打造出飘逸，摇曳的视觉感受。

不对称式半裙

Asymmetric Type Skirts

不对称式半裙是十分具有设计感的服装单品，能够打破规律的视觉感受制造出活跃的氛围。

包臀半裙

Package Hip Skirts

包臀半裙可以塑造出气场十足的“I 线条”和“Y 线条”，能很好地束出腰线并且令臀部看起来更加完美，轻松打造完美臀形。

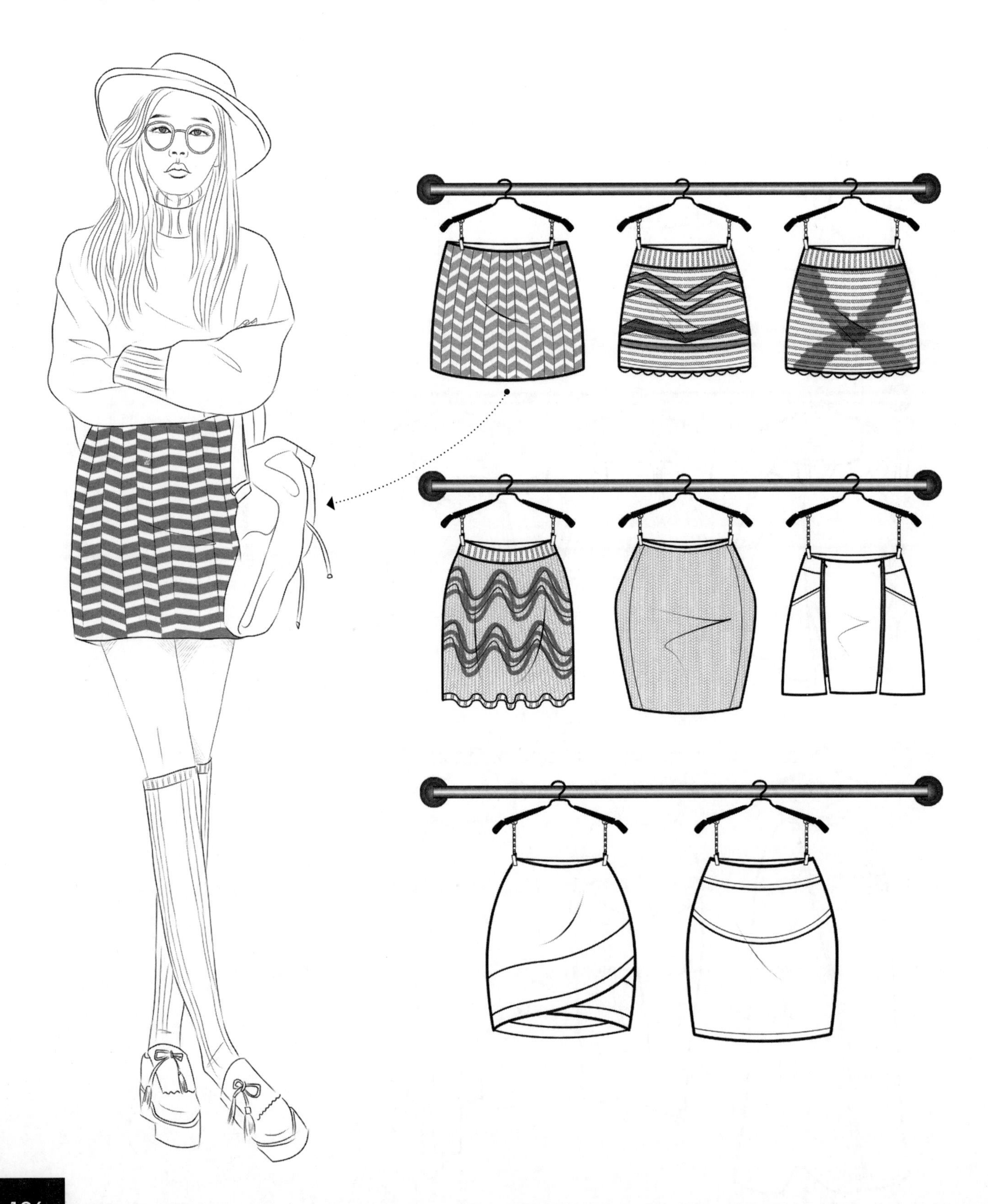

包臀半裙运用不同的设计元素可以塑造出多样风格，不管是设计弧线分割线还是加入蕾丝和拉链的设计都能打造出潮流感十足的视觉感受。

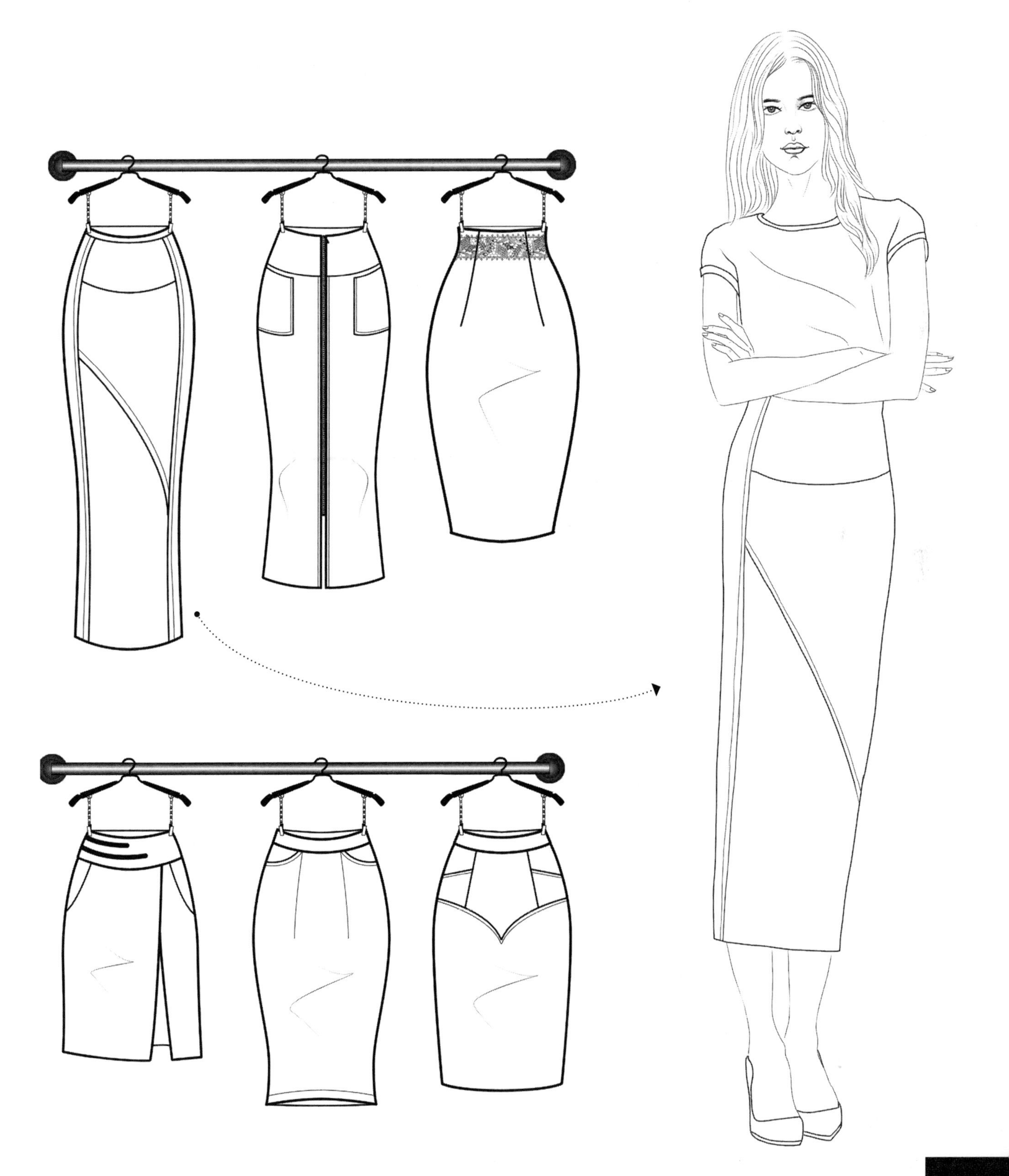

包臀裙的设计手法十分丰富，根据长短可以有超短裙、短裙和中裙之分，其臀部位置包臀合体，臀部以下或直线垂下或散开成喇叭状，而开衩也是包臀裙的一大设计特点。开衩的位置可以是前后左右，衩位高低也可根据个人喜好进行设置。

蝴蝶结半裙

Bow Botton Skirts

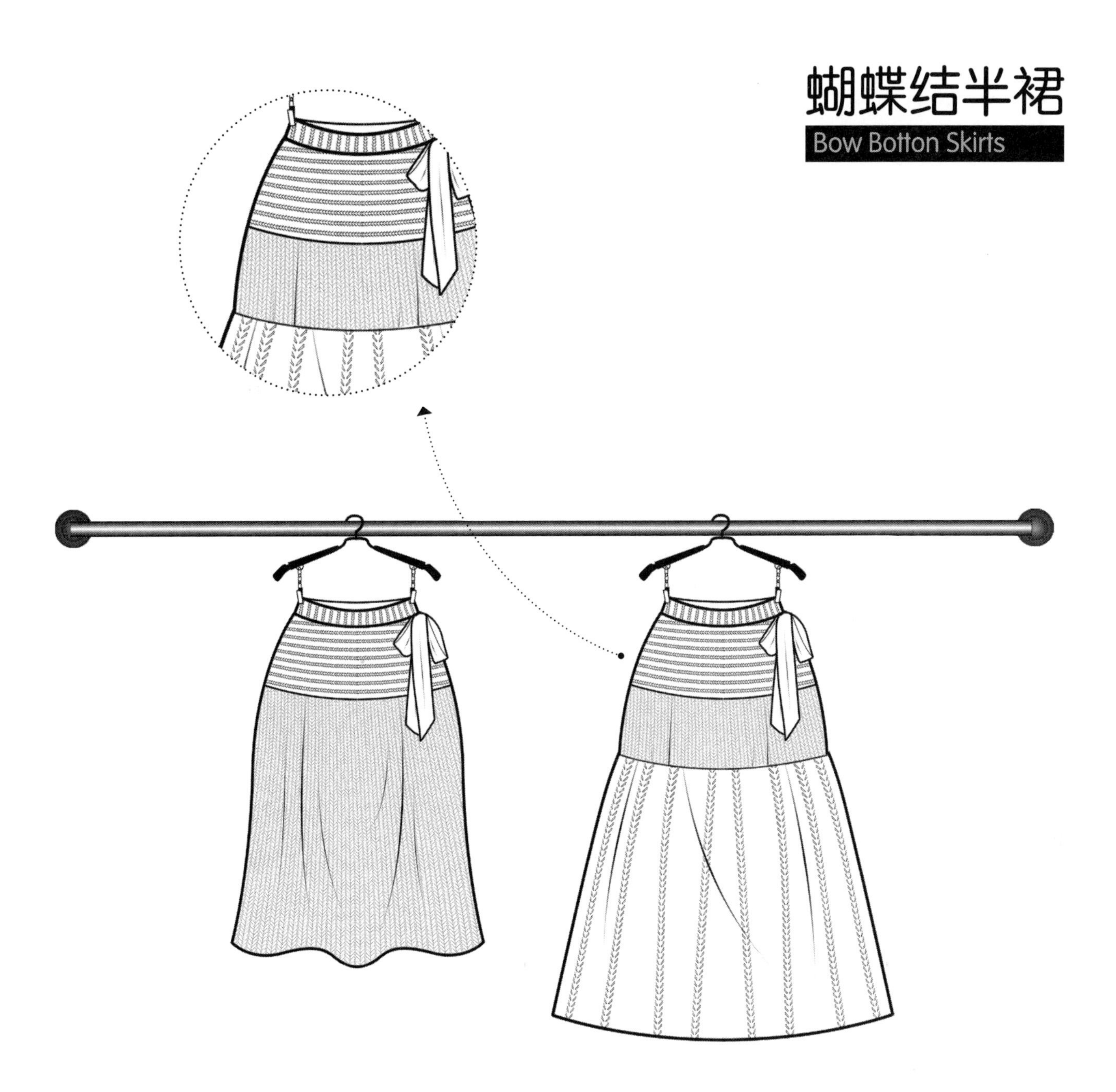

蝴蝶结也可以被称为同心结，外形酷似蝴蝶，制作材质也是不尽相同，形状大小不一，但外形美观大方，其打法有很多种，体现了人们追求真、善、美的良好愿望。蝴蝶结作为设计元素常常被运用于服装款式中，给人浪漫、可爱的视觉效果。本页向大家展示了两款蝴蝶结半裙的设计思路，裙子腰头一样，通过拼接面料打造出完全不一样的款式，这种训练方法可以被广泛地运用到服装款式设计中去。

Part 10

裤子

Pants

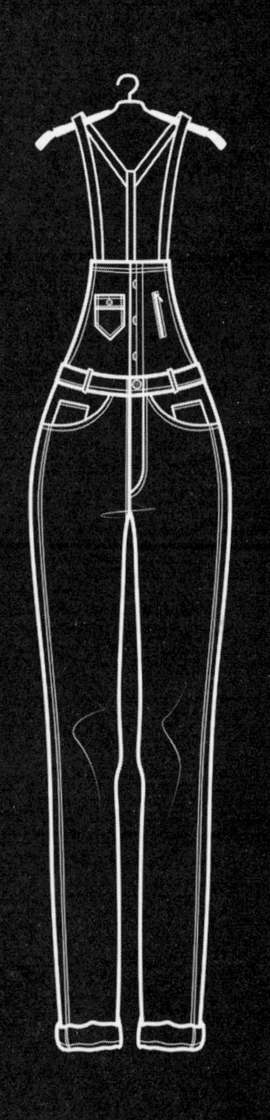

裤子泛指穿在腰部以下的服装，一般由裤腰、裤裆、裤腿缝制而成。据史料记载，中原地区的古人穿上有裆裤子是从战国时期才开始的。当时赵国赵武灵王在邯郸实行“胡服骑射”的军事改革，就是穿胡人的服装，学习胡人骑马射箭的作战方法，此后，中原人才穿裤子，到了汉代，汉昭帝时才把有裆的裤叫作“裤”。

短裤
Shorts

短裤一般是为了凉爽而设计的夏季服装单品，发展至今，女性无论春夏秋冬都穿着短裤以显示女性优美的线条。短裤简单好搭配是不少女孩喜欢的选择，其设计手法丰富多样，腰头和分割线的设计也是设计重点之一。

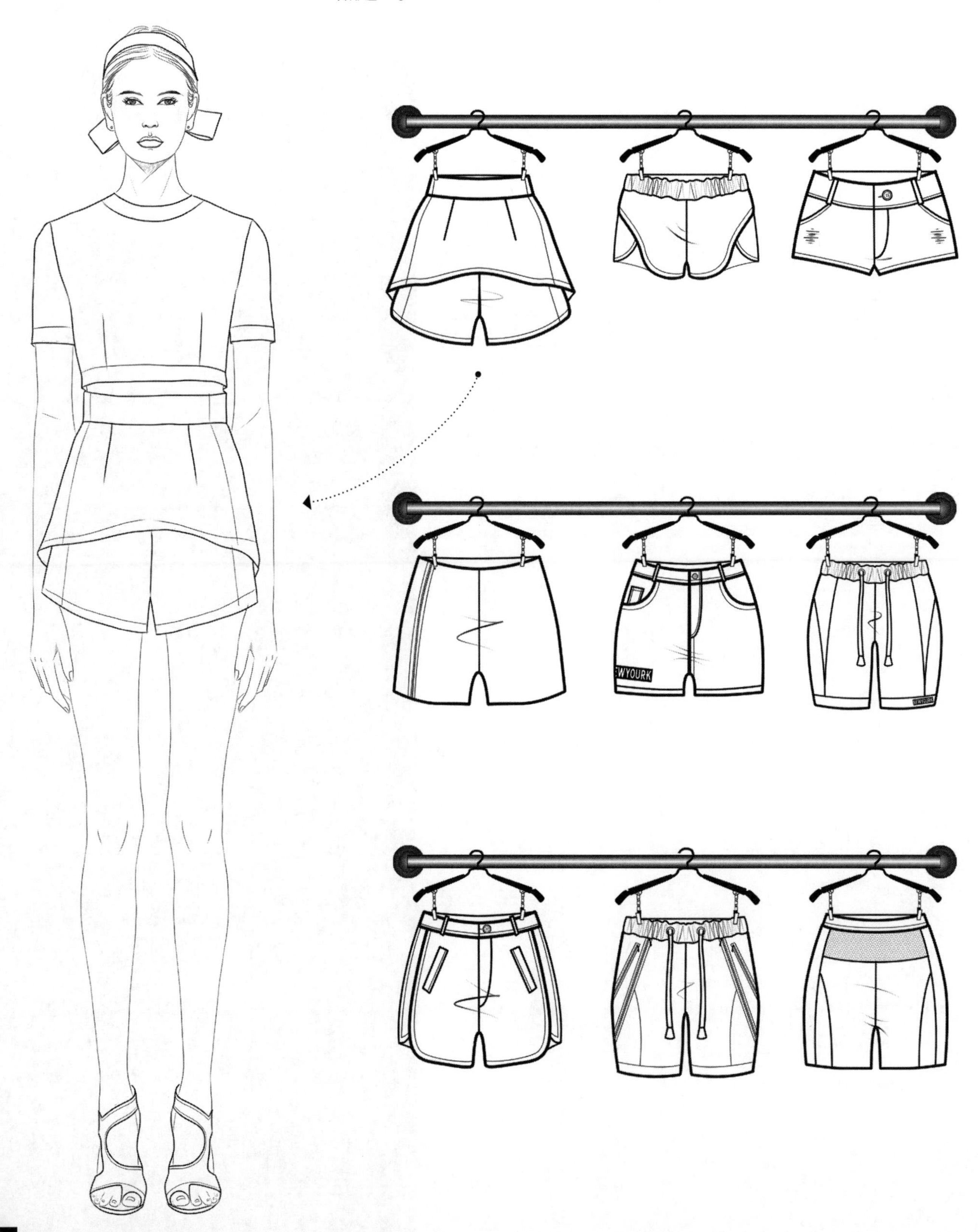

本页的短裤增加了波浪边、蝴蝶结、系带、露齿拉链等设计元素，打造出不一样的时尚感受，或甜美可爱，或通勤时尚，又或是洋溢着复古的英伦学院风。

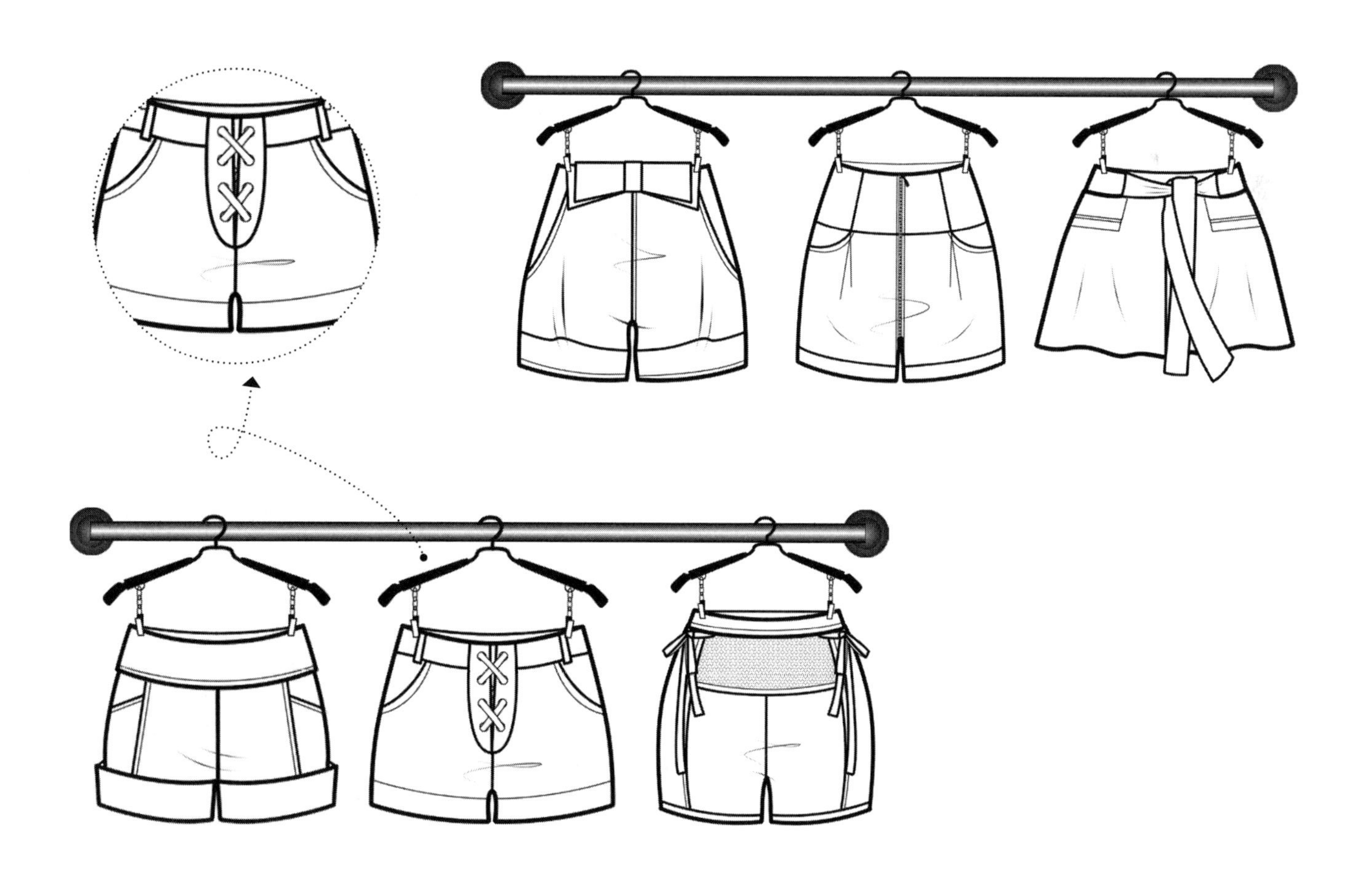

七分裤
Cropped Trousers

"七分裤"，顾名思义就是裤长七分，长及膝下，露出小腿，包七分露三分。变换的长度、翻边、开衩、加上含有莱卡的弹力棉、聚酯纤维、印花缎等面料让七分裤出落得分外可人，既不会像长裤那么死板，又不会像短裤那样过于活跃，整体形象青春、活泼、可人。

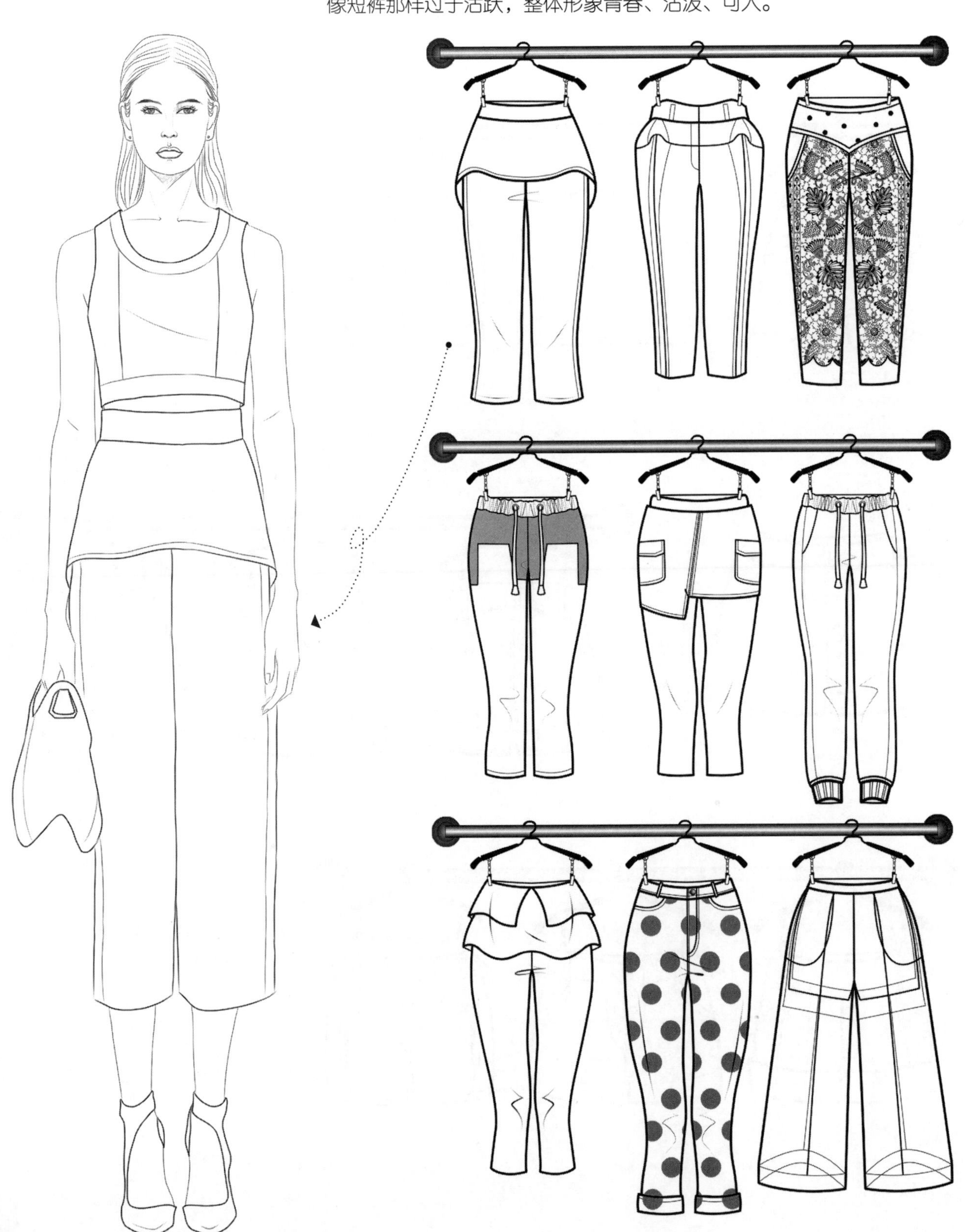

本页向大家展示的是紧身打底裤。打底裤最开始是为了在穿短裙和超短裙时防走光以及修身而设计的裤子，因长度和用料不同而分很多种，可以与正装服饰进行不同的搭配。

这种裤型可以修饰出修长的腿部线条，其设计感越来越强，也适合于外穿。

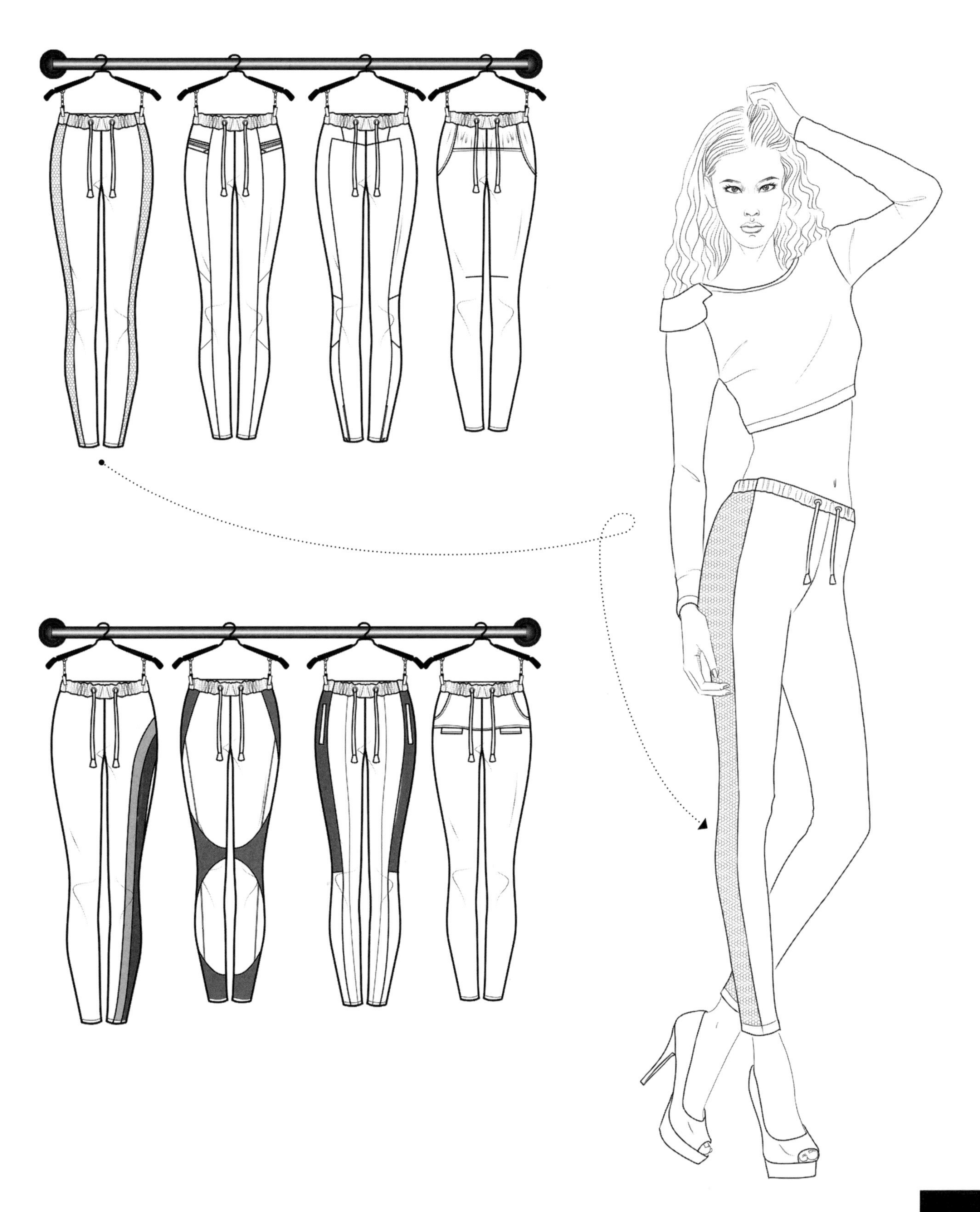

长裤是指由腰及踝，包覆全腿的裤子。长裤的设计点主要集中在腰头和裤脚的设计上，腰头有系带内加橡皮筋的设计，也有加合体腰头前中开拉链的设计，其裤脚可以加罗纹也可以加拉链。

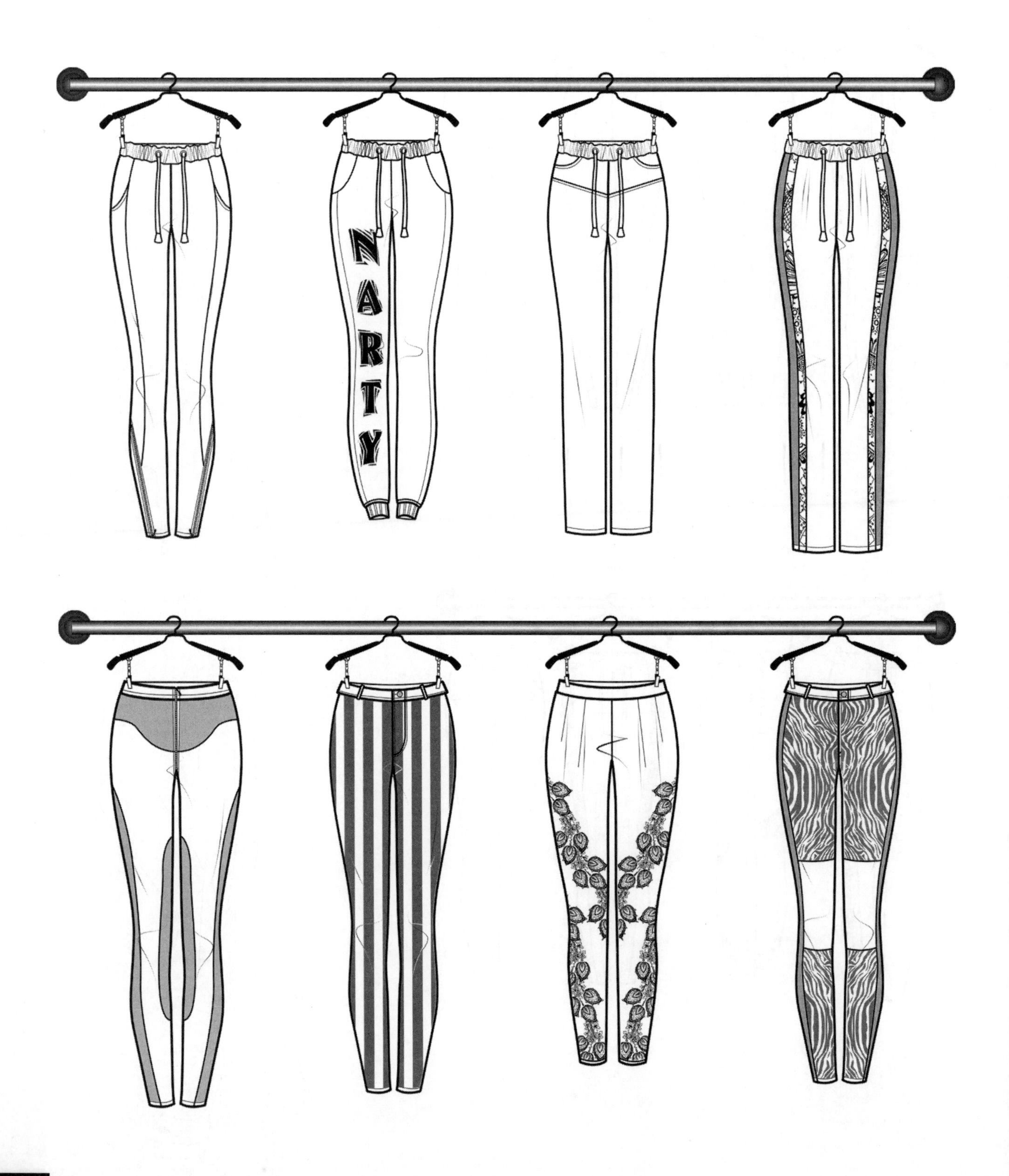

长裤的分割线也是设计亮点之一，常常在膝盖上下加横向分割线或者加竖向分割线以打破传统的视觉感受，不对称的印花图案也为长裤增添了很多潮流感。

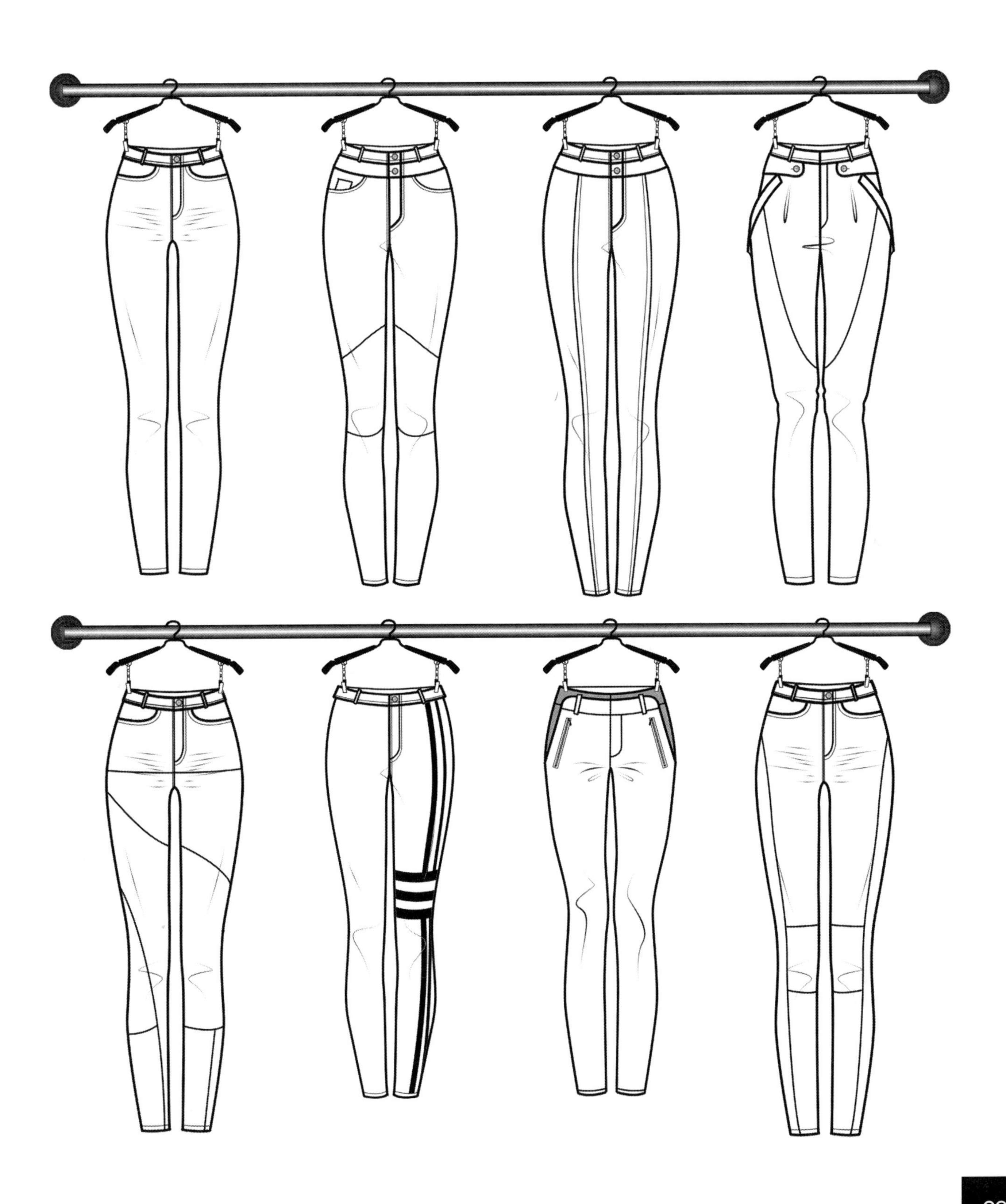

除了小裤脚的设计，喇叭裤曾经也是风靡全球的热销款式。在款式图的绘制技法上要注意把握好裤子的比例长短以及腰头的大小，注意线条的流畅性和准确性。

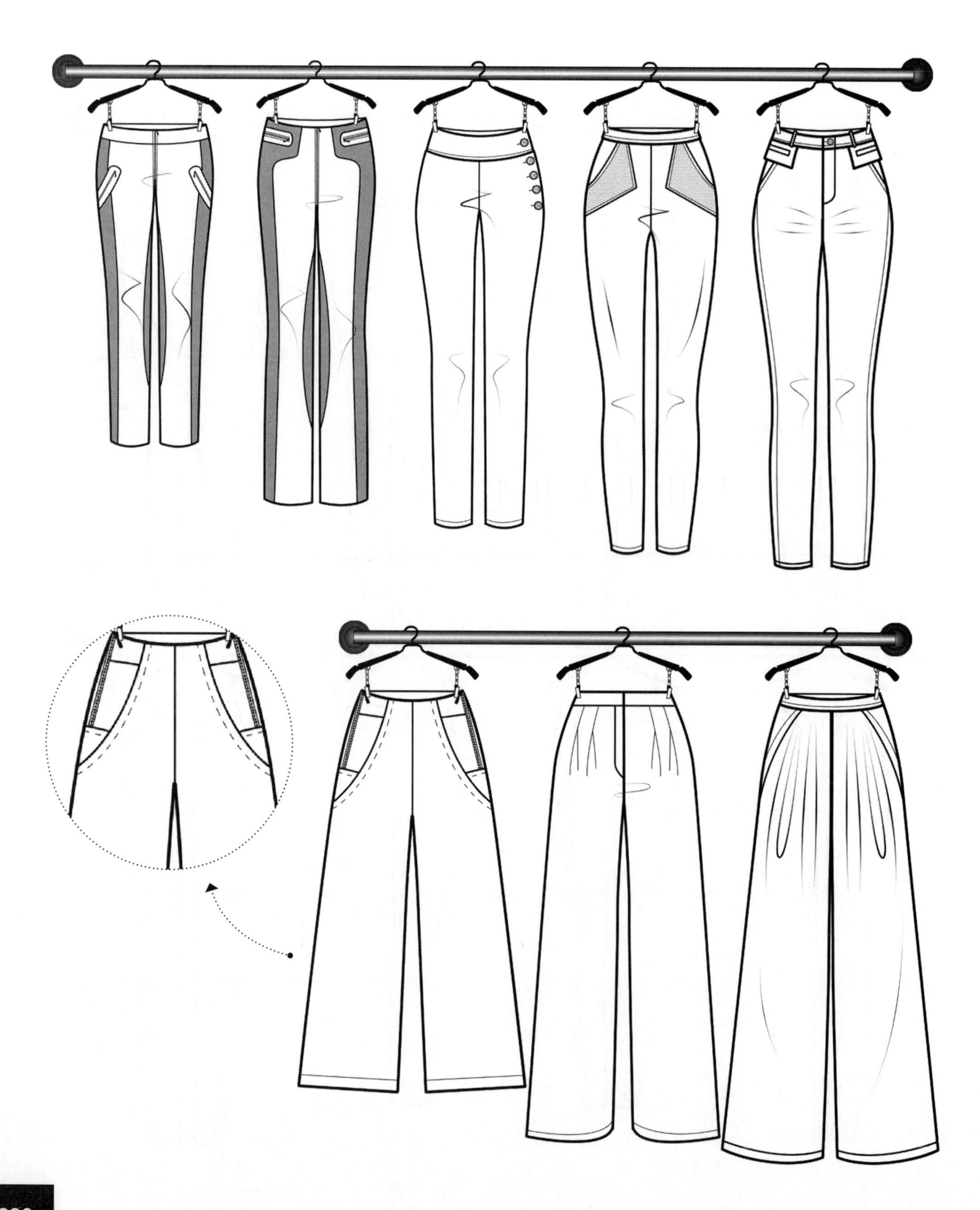

高腰裤

High Waisted Pants

高腰裤起源于法国时装大师圣罗兰于1966年推出的“Le Smoking”，打破了当时传统、保守的设计理念。高腰裤，可以很好地提升腰节线，拉长身材比例，同时显露出修长的双腿。

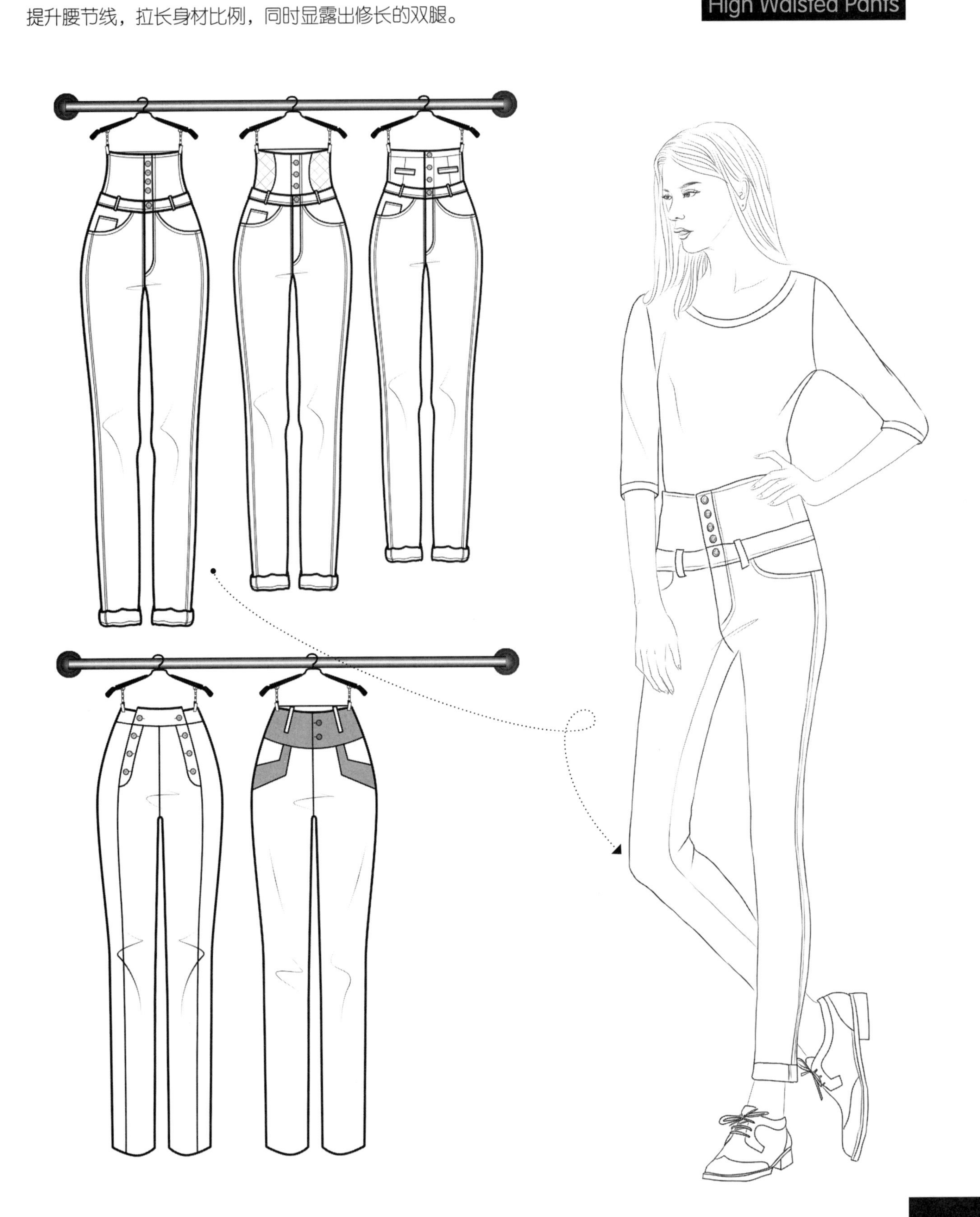

在人体效果图的绘制上要注意人体的整体比例与面部五官的比例，注意线条的流畅性与虚实感，注意局部部位的刻画。

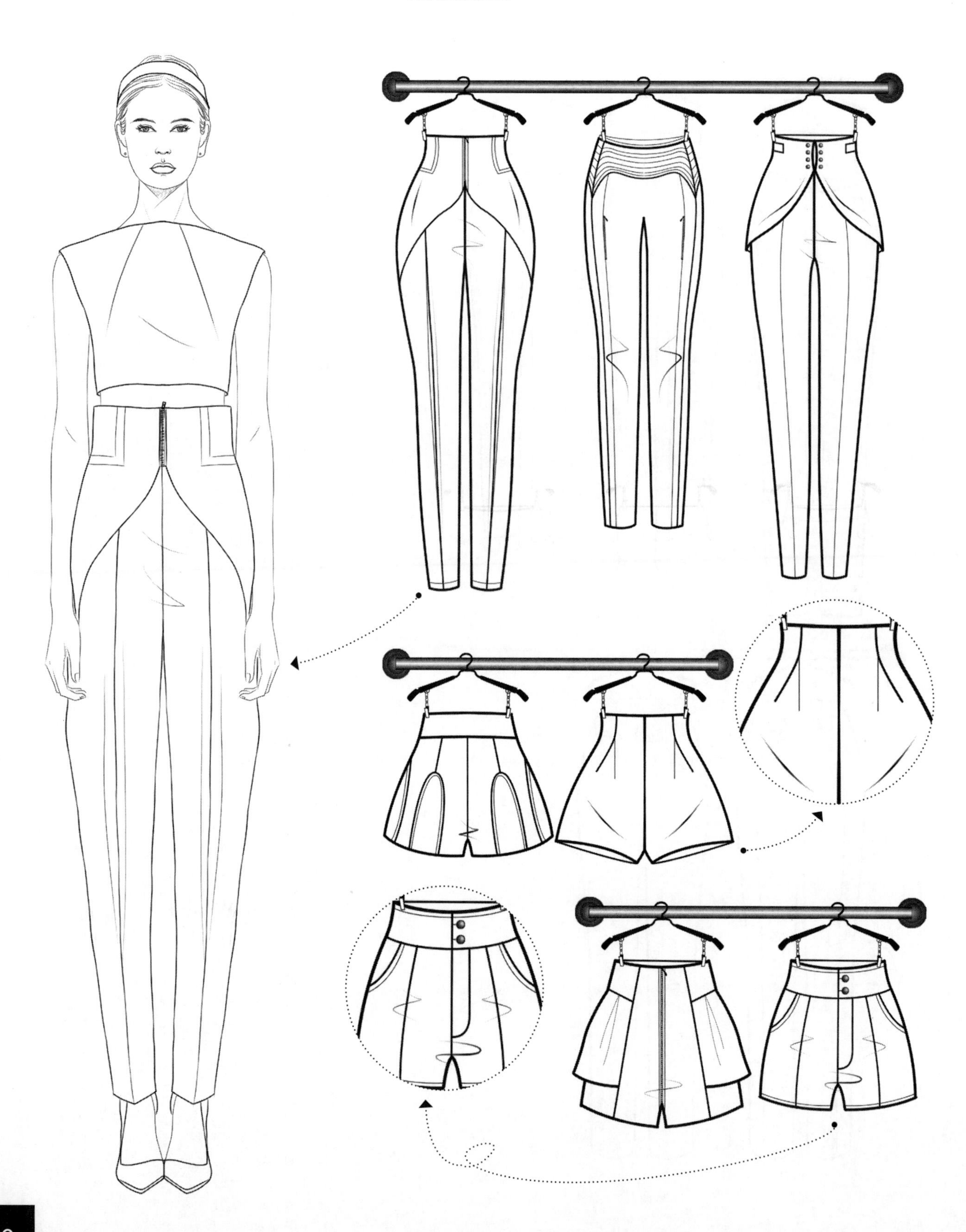

哈伦裤

Haren Pants

哈伦裤经过时尚品牌设计师的妙手出现在 T 台上，随之受到了很多明星及潮人们的喜爱，其特点是裆位靠下、裤脚较小，绘制时要注意表现其轮廓特征。

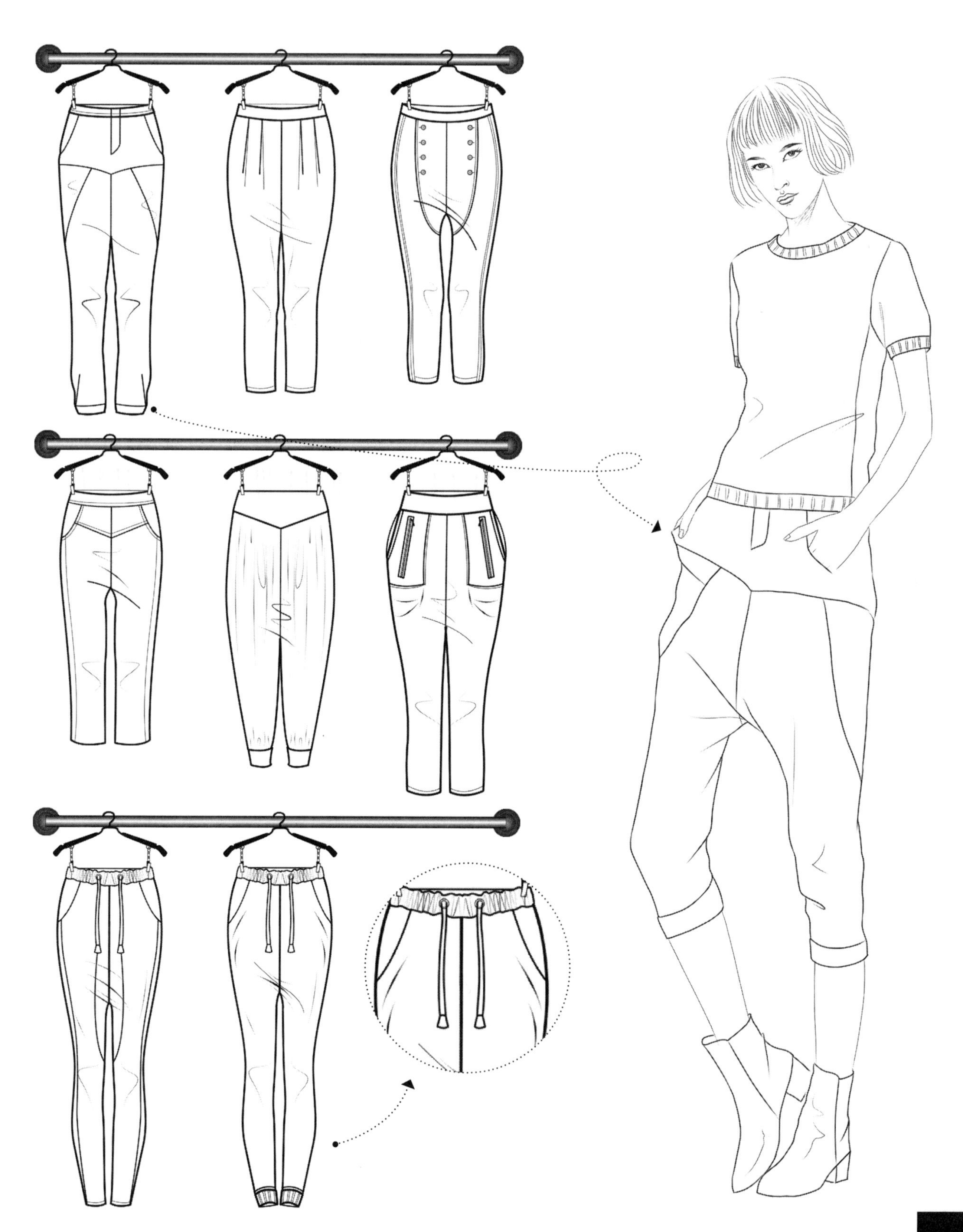

背带裤
Bib Pants

背带裤是一种腰上装有背带的裤子。西裤中的背带裤仅为两根背带相连，而在工装裤及现代时装中多有前胸补块，又称“饭单裤”或“工装裤”。它是在普通的长裤或短裤上面加一只护胸，穿着时系用背带，不用系腰带。由于这种裤子的造型是从机工工作裤的式样变化而来的，故又称工装裤。

本页展示了多款背带裤的设计，背带的宽度、长短是其设计重点，前胸补块的设计也是丰富多变的。

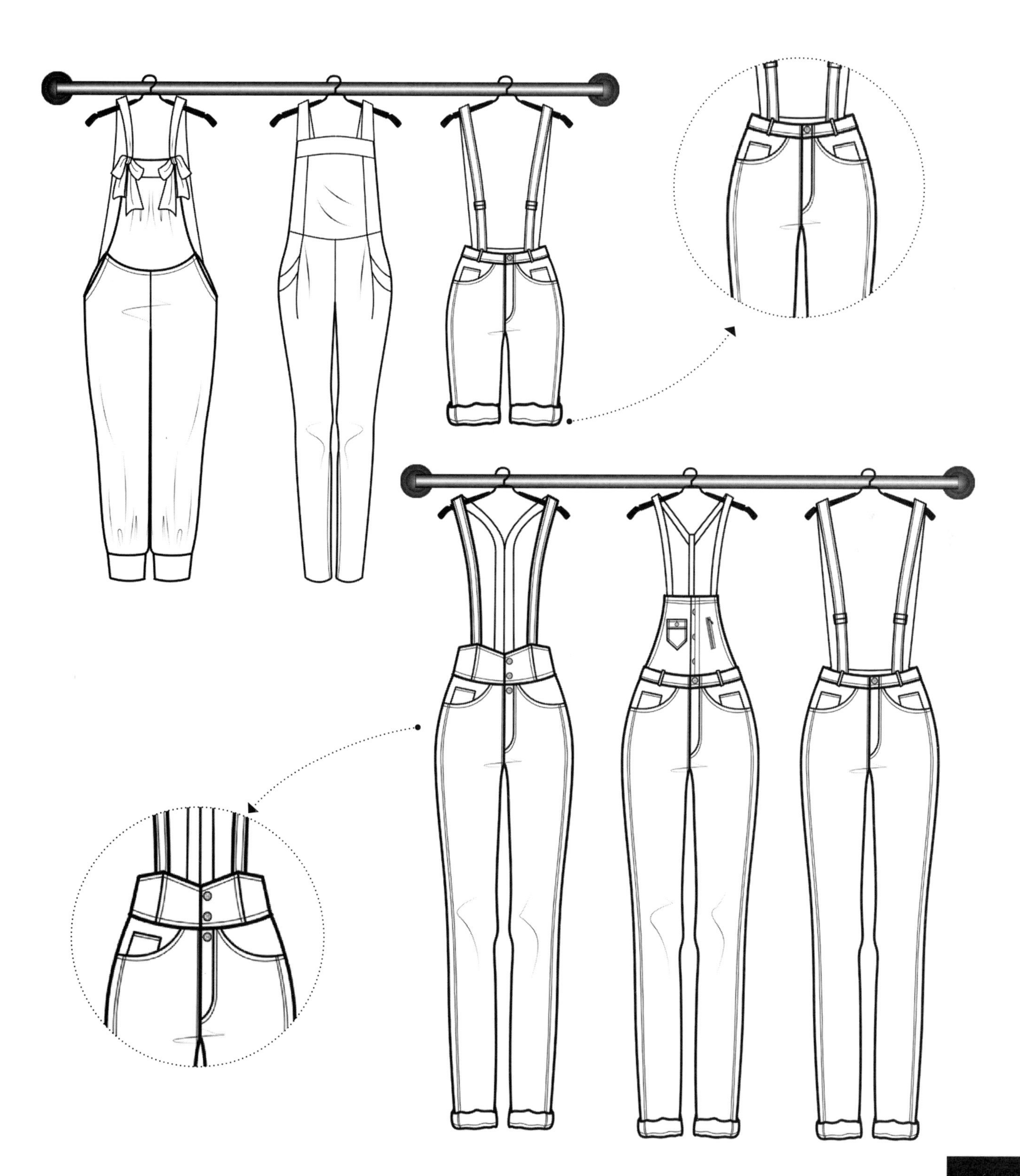

Part 11

内衣

Underwear

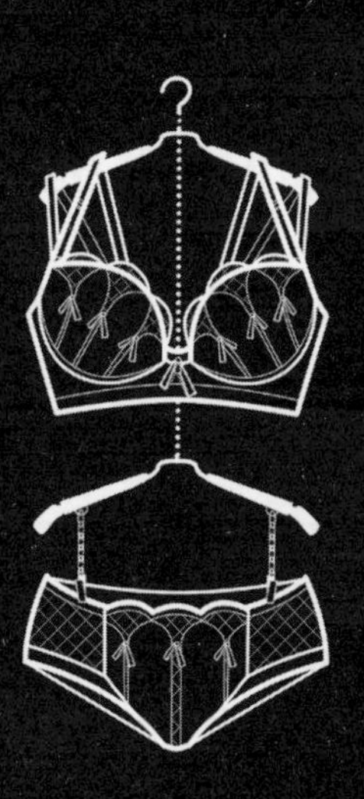

这一章节向大家展示内衣的设计技巧和款式图的表现技法。文胸常被称为“女性的最后一件内衣”，又称“胸罩”，其功能是用以遮蔽及支撑乳房。内裤也叫三角裤，属于贴身穿的服装，材质以全棉为宜。文胸和内裤的设计手法非常多样，款式特点也非常明显，功能性强，是女性不可或缺的重要服装类型。

文胸
Bras

文胸的结构组成包括系扣、胸罩下部的金属丝、填充物、肩带、调节扣环、圈扣、比弯、上托、下托、耳仔、前幅、鸡心和侧比，只有了解文胸的结构后才能准确无误地绘制款式图。

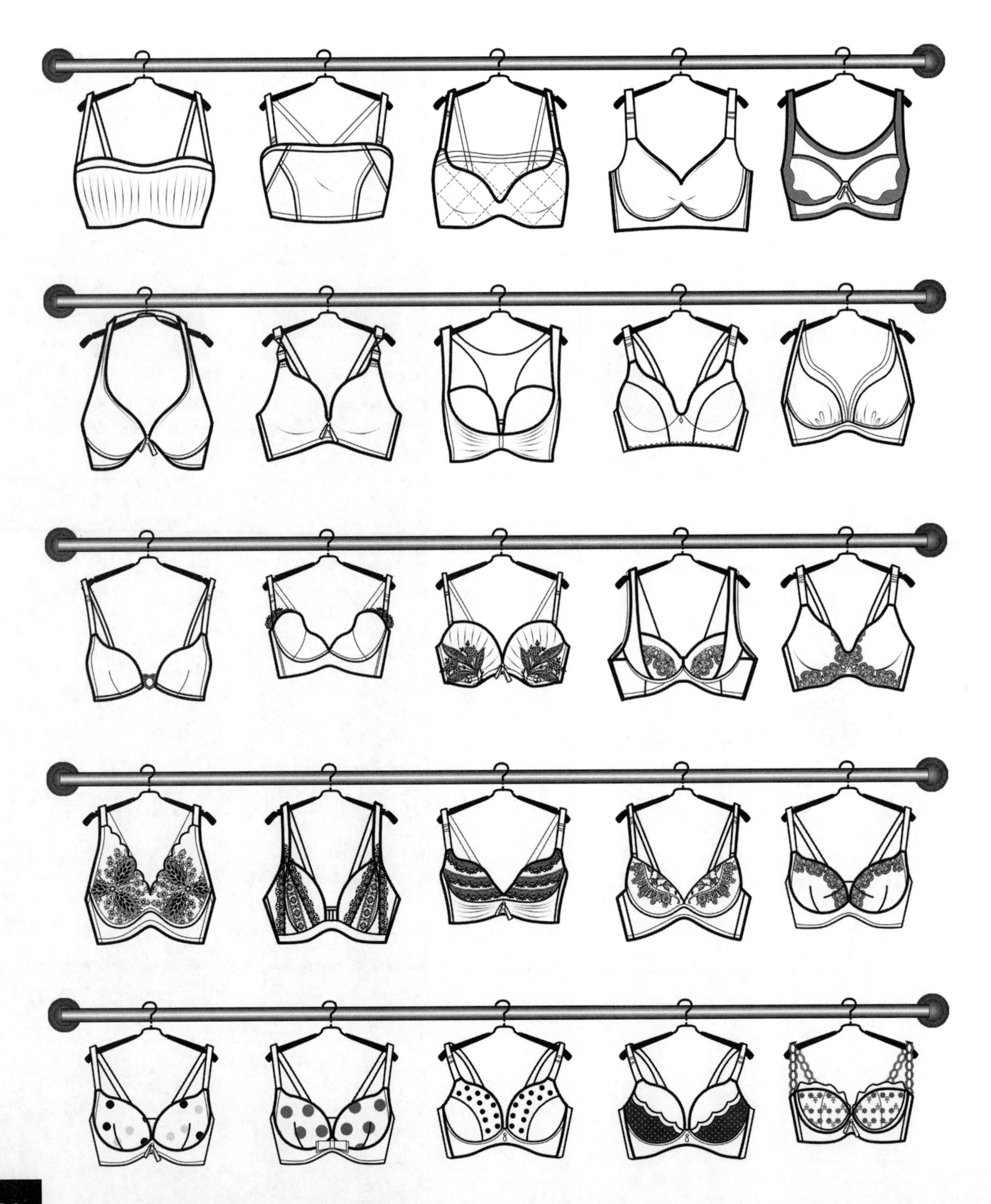

文胸可以分为 3/4 罩杯、1/2 罩杯、5/8 罩杯以及全罩杯等多种类型。每一种罩杯的功能性都不一样，设计需要围绕其功能性去展开。例如集中效果最好的款式是 3/4 罩杯，可以很好地凸显乳房的曲线，而在支撑、提升、集中等方面效果最好的就是全罩杯胸罩，可以将全部的乳房包容于罩杯内，是最具功能性的罩杯。

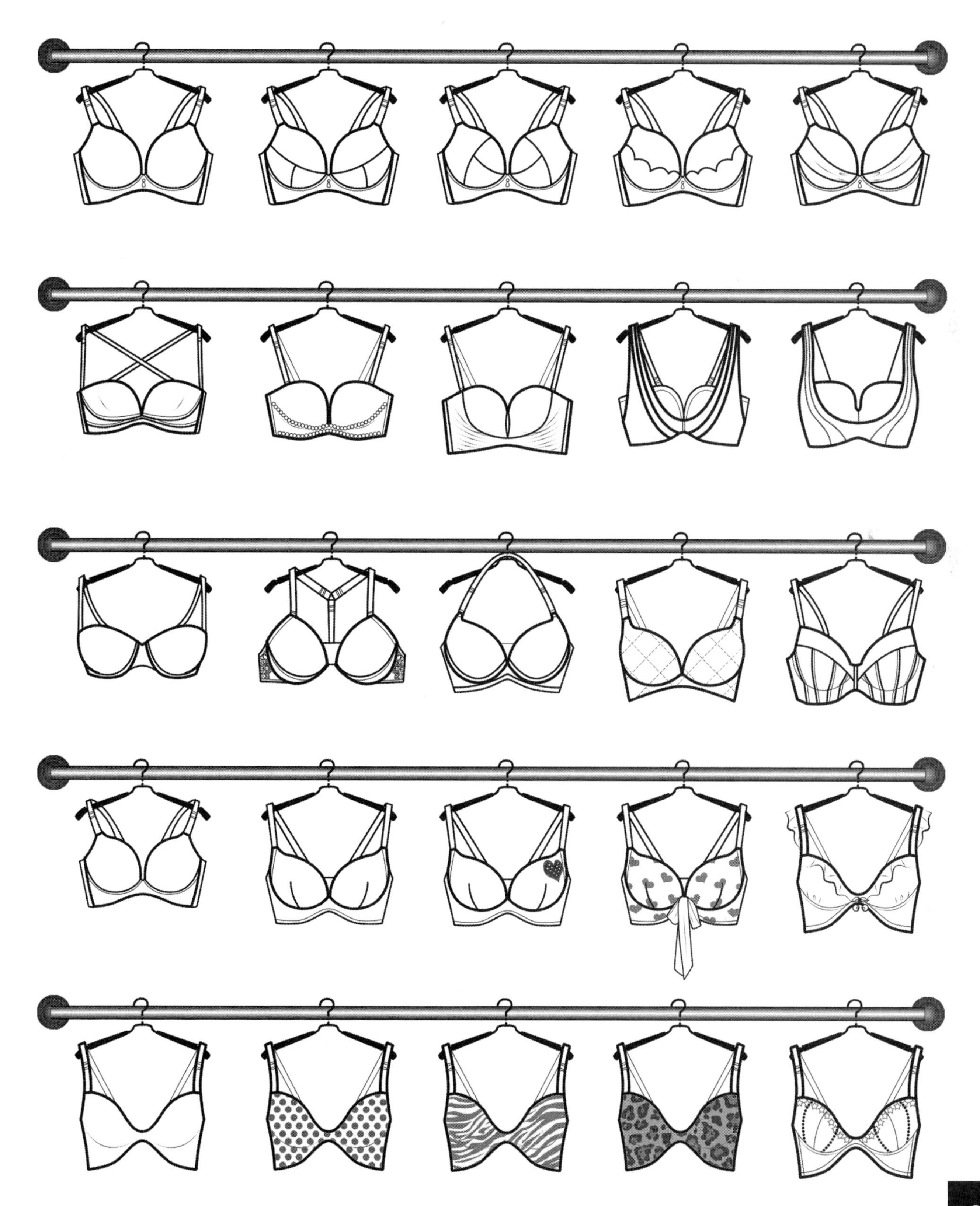

内裤
Underpants

内裤，一般指贴身的下身内衣。随着社会的发展，内裤的款式和面料已经发展得非常丰富了。内裤的整体样式分为三角裤、四角裤、五角裤，最新流行款式为丁字裤、C 字裤等。按照功能性不同，内裤还可以分为孕妇裤、情趣裤和提臀束裤。本页重点展示了较为常用的内裤款式设计。

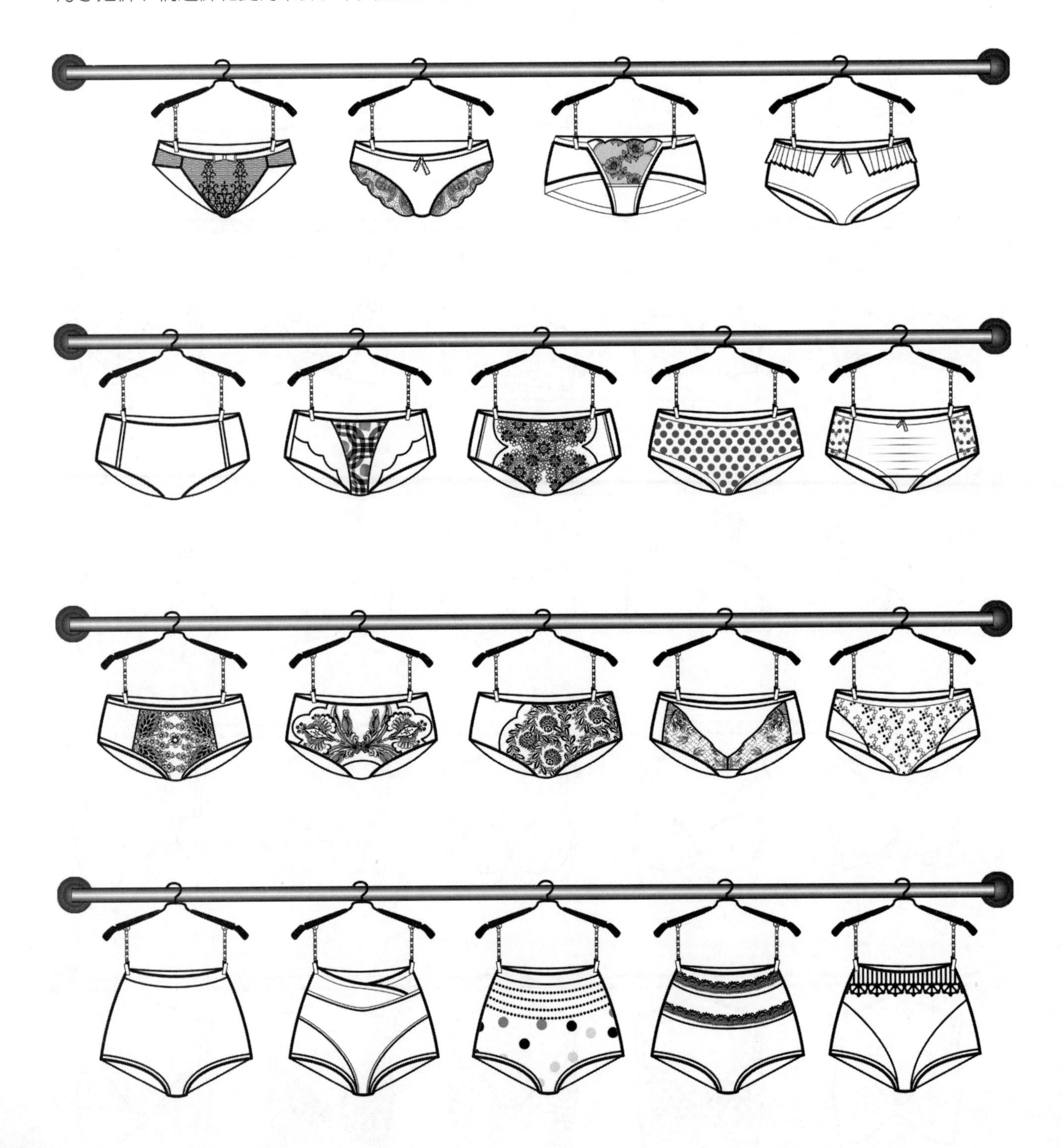

在简洁的廓型基础上，通过增加和变化设计元素，可以变化出无数风格迥异的款式。

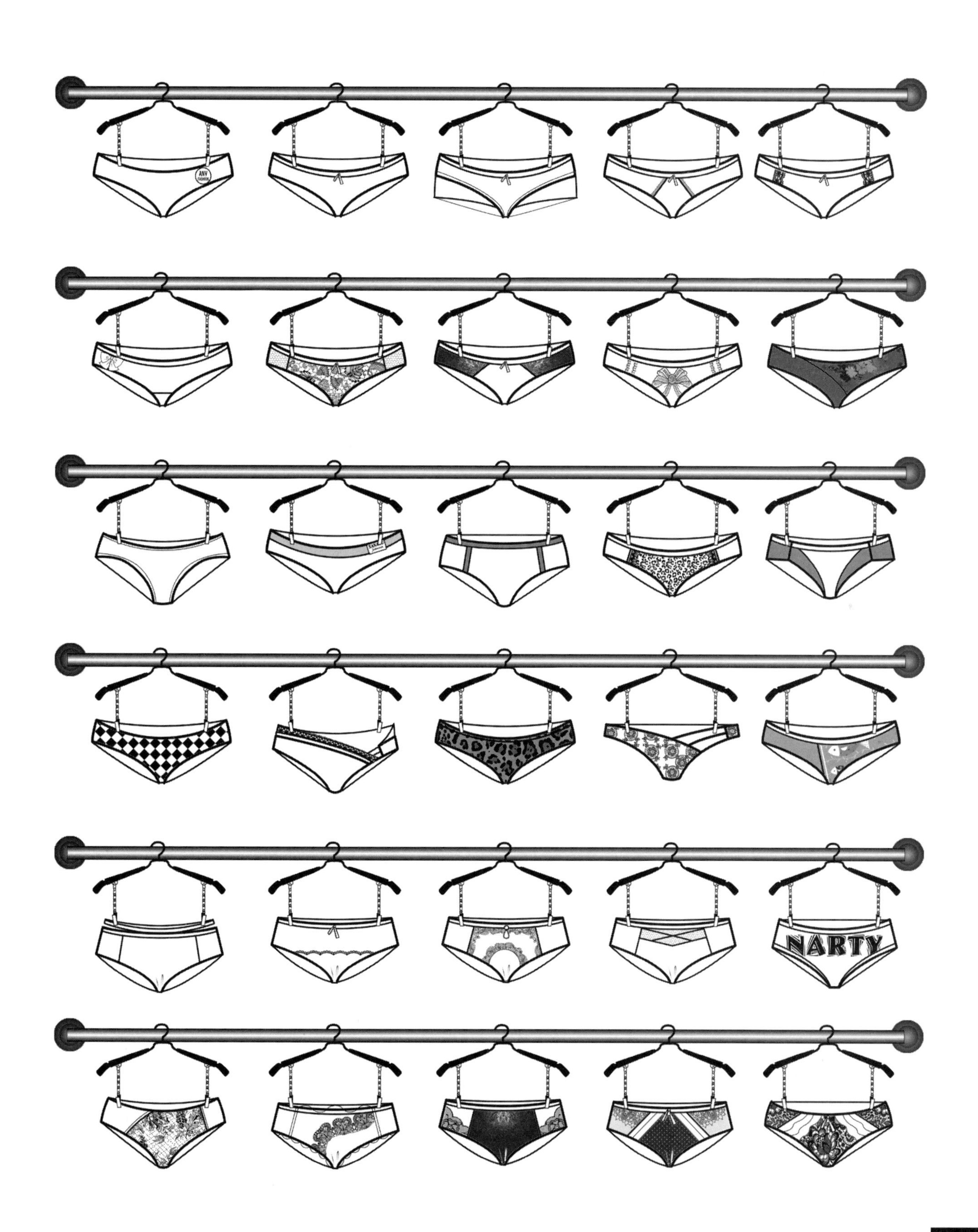

内衣套装

Underthings

文胸与内裤经常成套搭配销售，穿着起来更具有整体感，多用蕾丝、蝴蝶结和印花图案元素穿插其中，令款式看上去浪漫、性感。

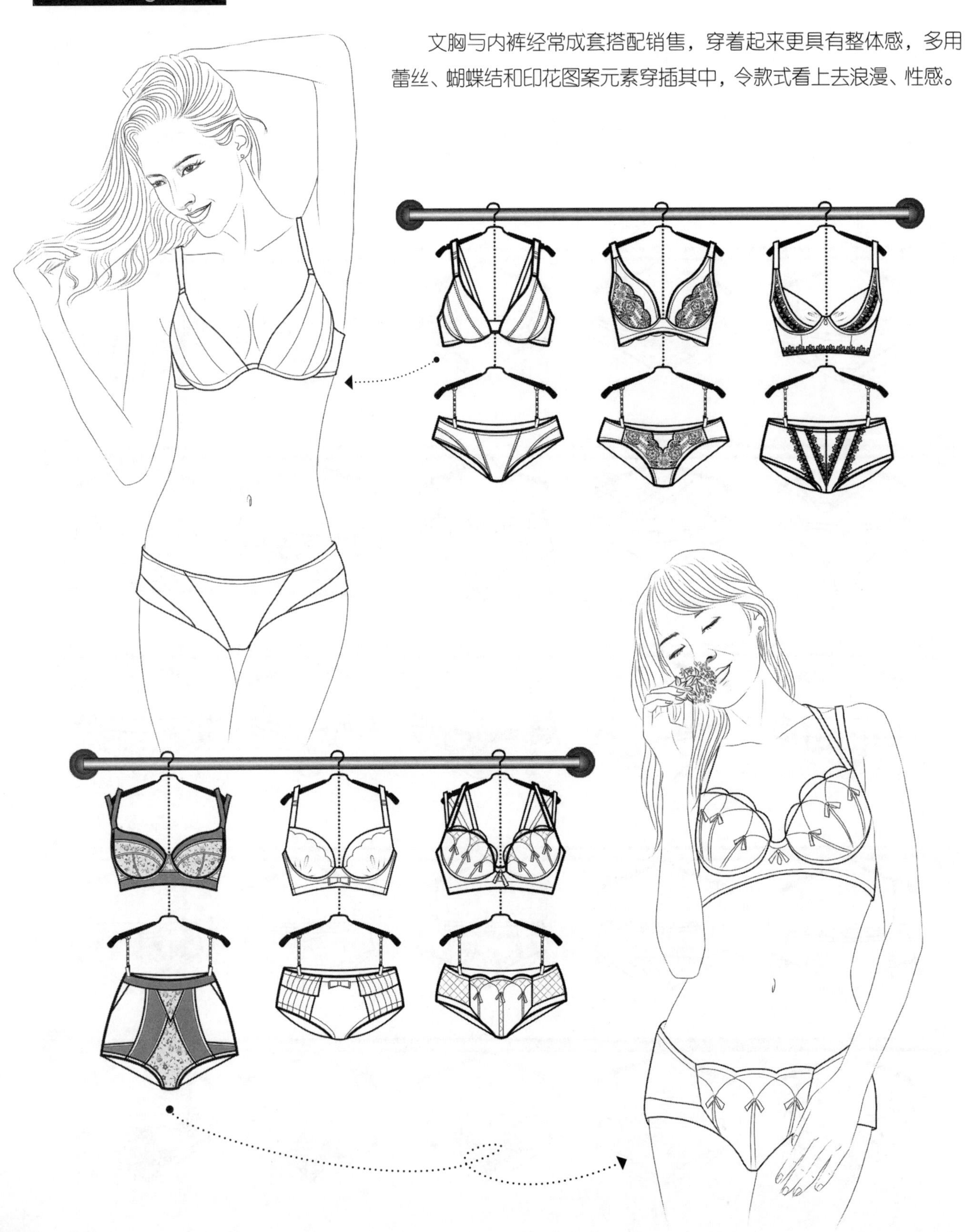

本页展示的七款套装，其款式廓型各异，细节设计上也差别很大。对于蕾丝的选择和分割线的设计上我们可以多做文章，为表达自己想要的设计风格，大家需要多做设计练习以提高准确性。

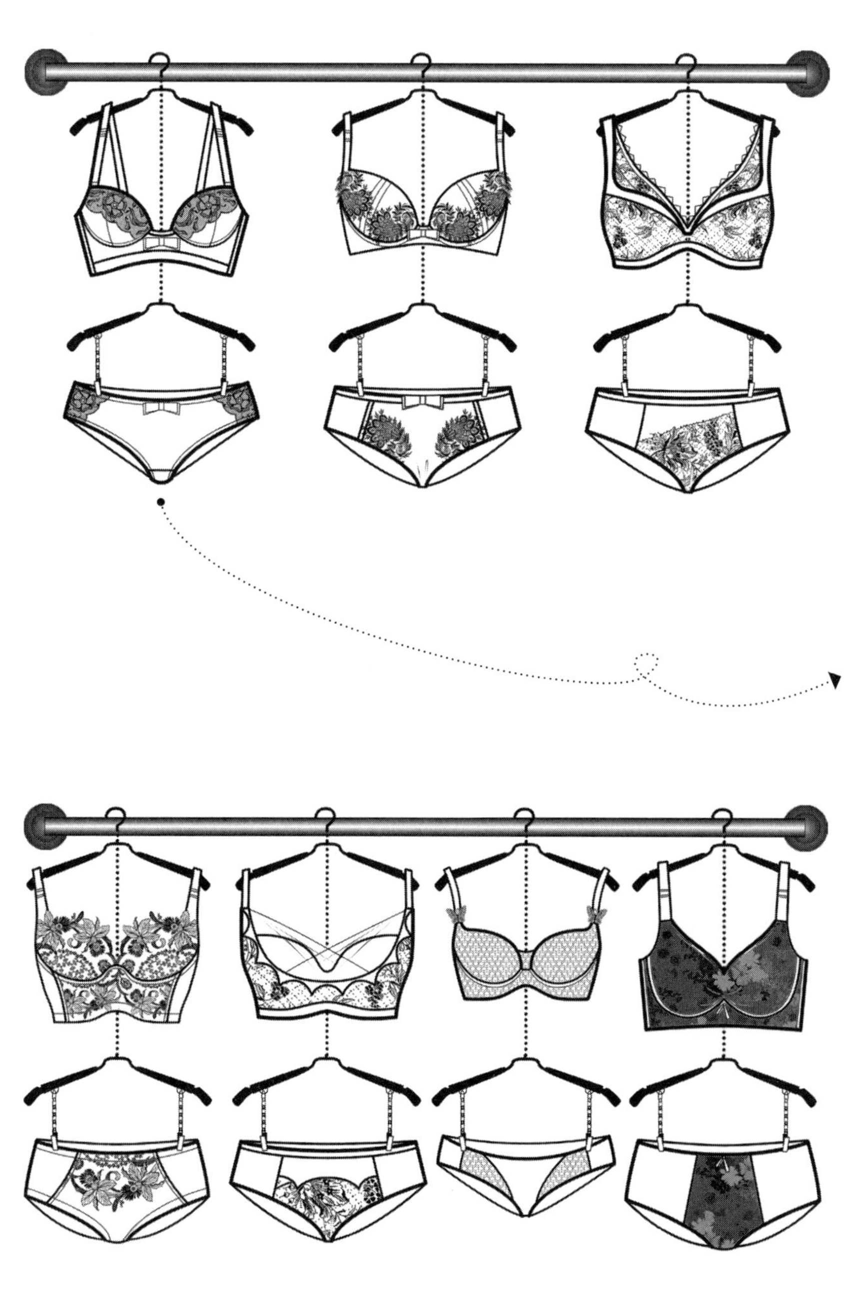

Part 12

泳装

Swimsuit

泳装是在泳池或海滩活动时穿着的服装，也可用于模特选美时展示形体的服装类型。泳装分为比基尼式泳装和连体式泳装。1947 年，比基尼装流行开来，带动泳装向新的方向发展。现代泳装无论从色彩、式样、质料几方面都超越以往，形成了多色彩、多式样、高质量的泳装新潮流。一般多采用遇水不松垂、不鼓胀的纺织品制成。

比基尼式泳装

Bikini

本页向大家展示的是设计感十足的比基尼泳装，其特点是用料非常少。无可否认，比基尼是极具视觉吸引力的，也是拥有骄人身材和绝对自信的女孩的第一选择。

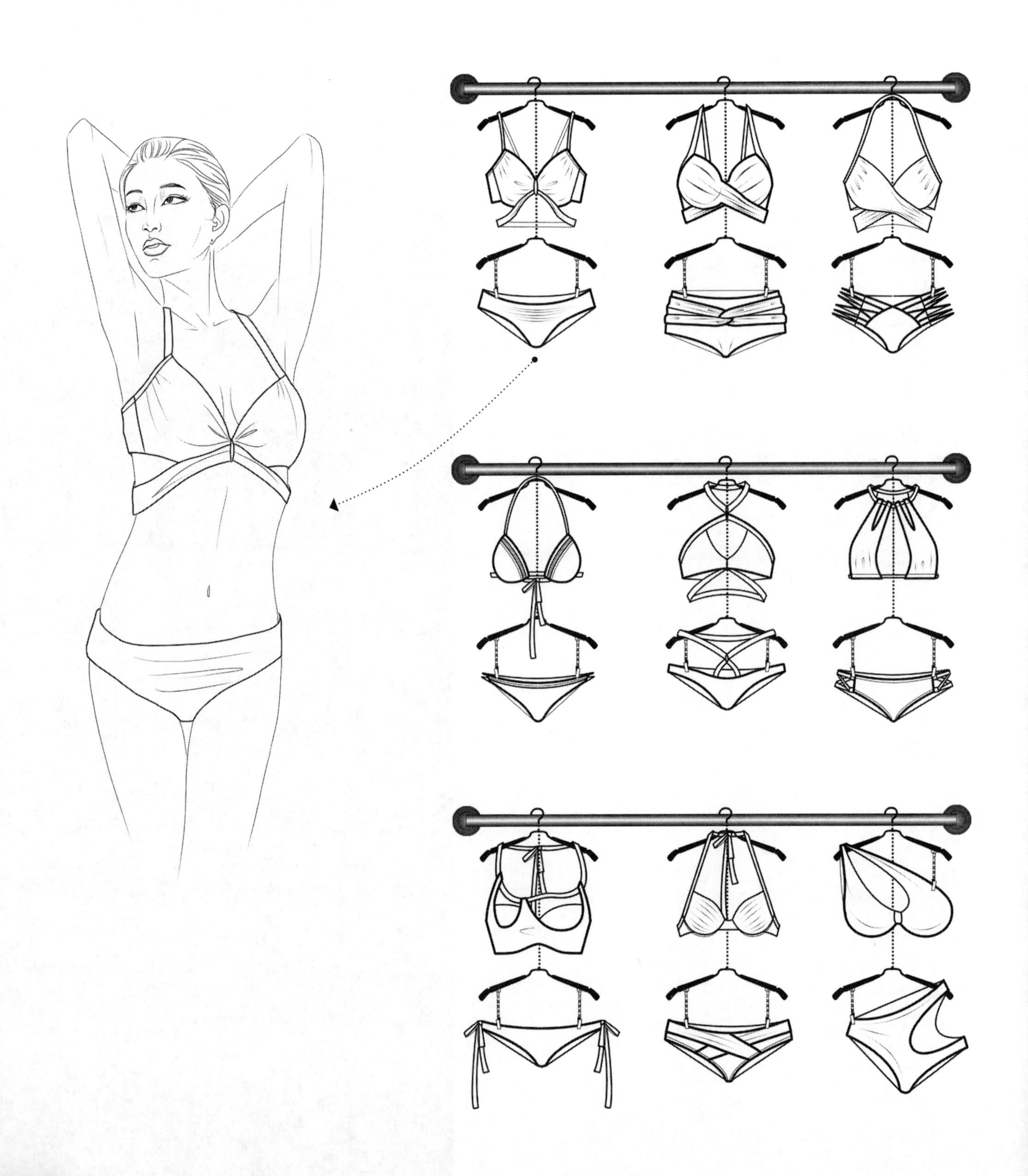

在比基尼的设计中，加入豹纹印花面料显得野性十足，加入蕾丝则显得性感娇媚，如果加入蝴蝶结则显得甜美可爱。

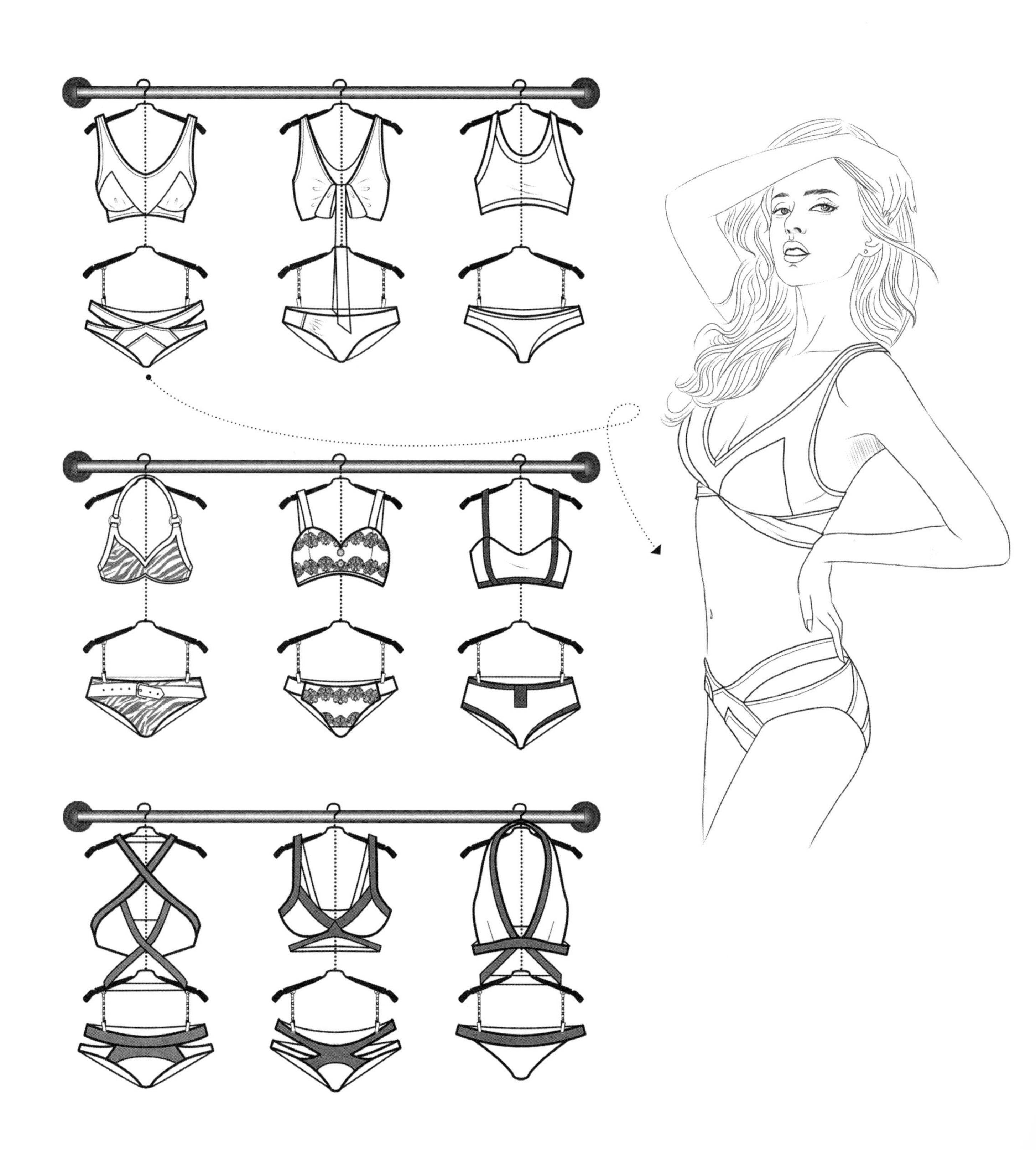

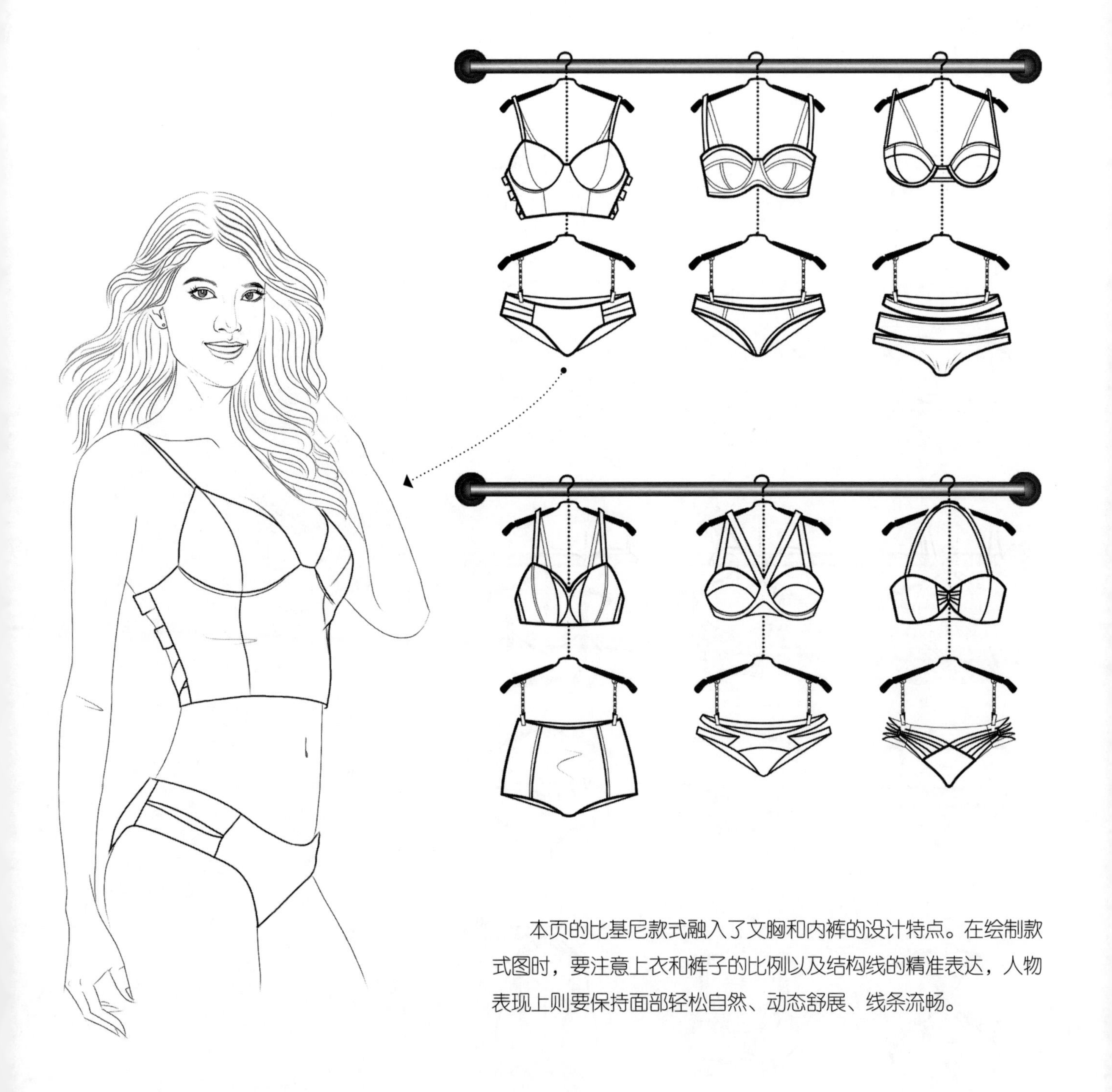

本页的比基尼款式融入了文胸和内裤的设计特点。在绘制款式图时，要注意上衣和裤子的比例以及结构线的精准表达，人物表现上则要保持面部轻松自然、动态舒展、线条流畅。

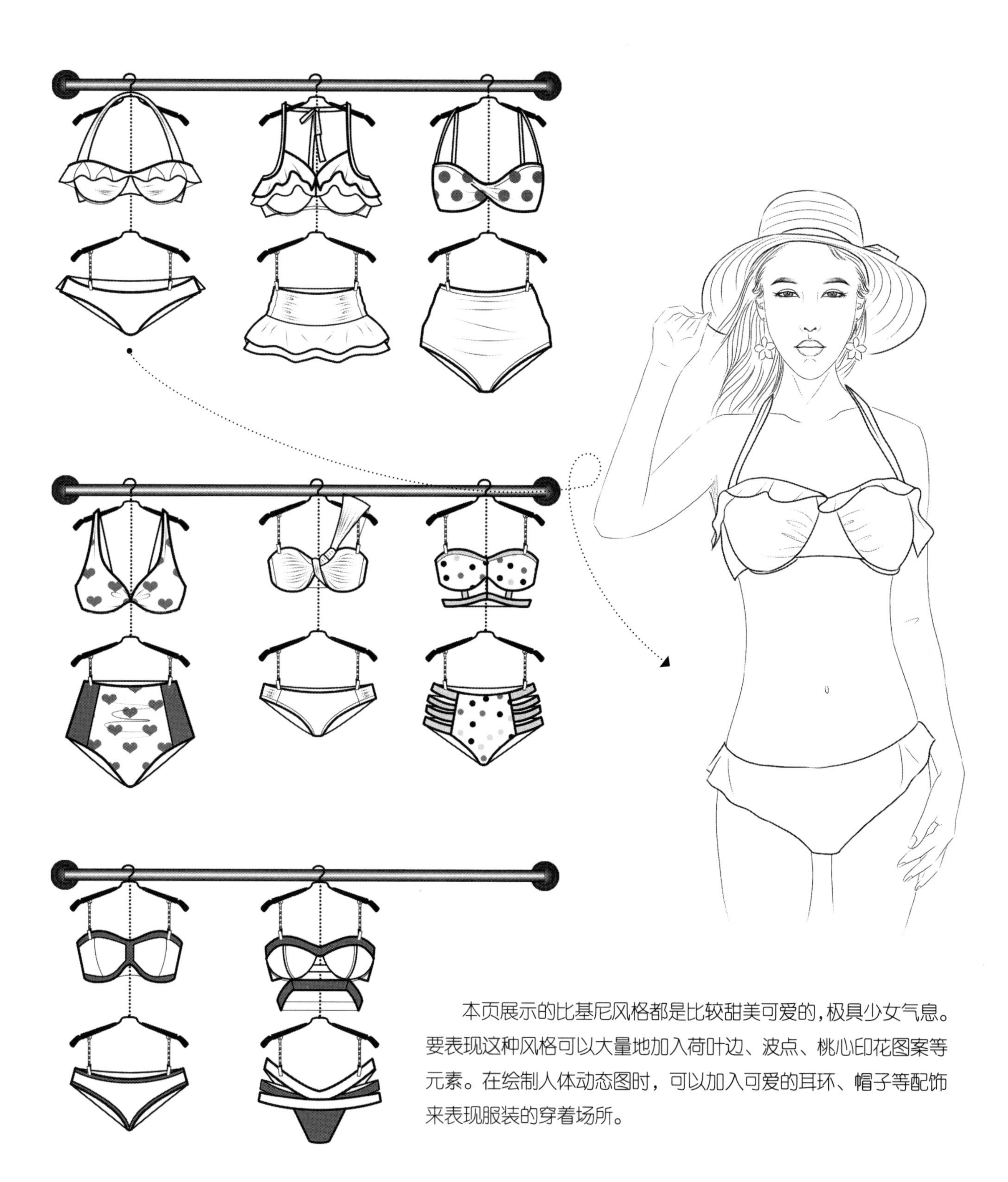

本页展示的比基尼风格都是比较甜美可爱的，极具少女气息。要表现这种风格可以大量地加入荷叶边、波点、桃心印花图案等元素。在绘制人体动态图时，可以加入可爱的耳环、帽子等配饰来表现服装的穿着场所。

连体式泳装
One-piece Swimsuit

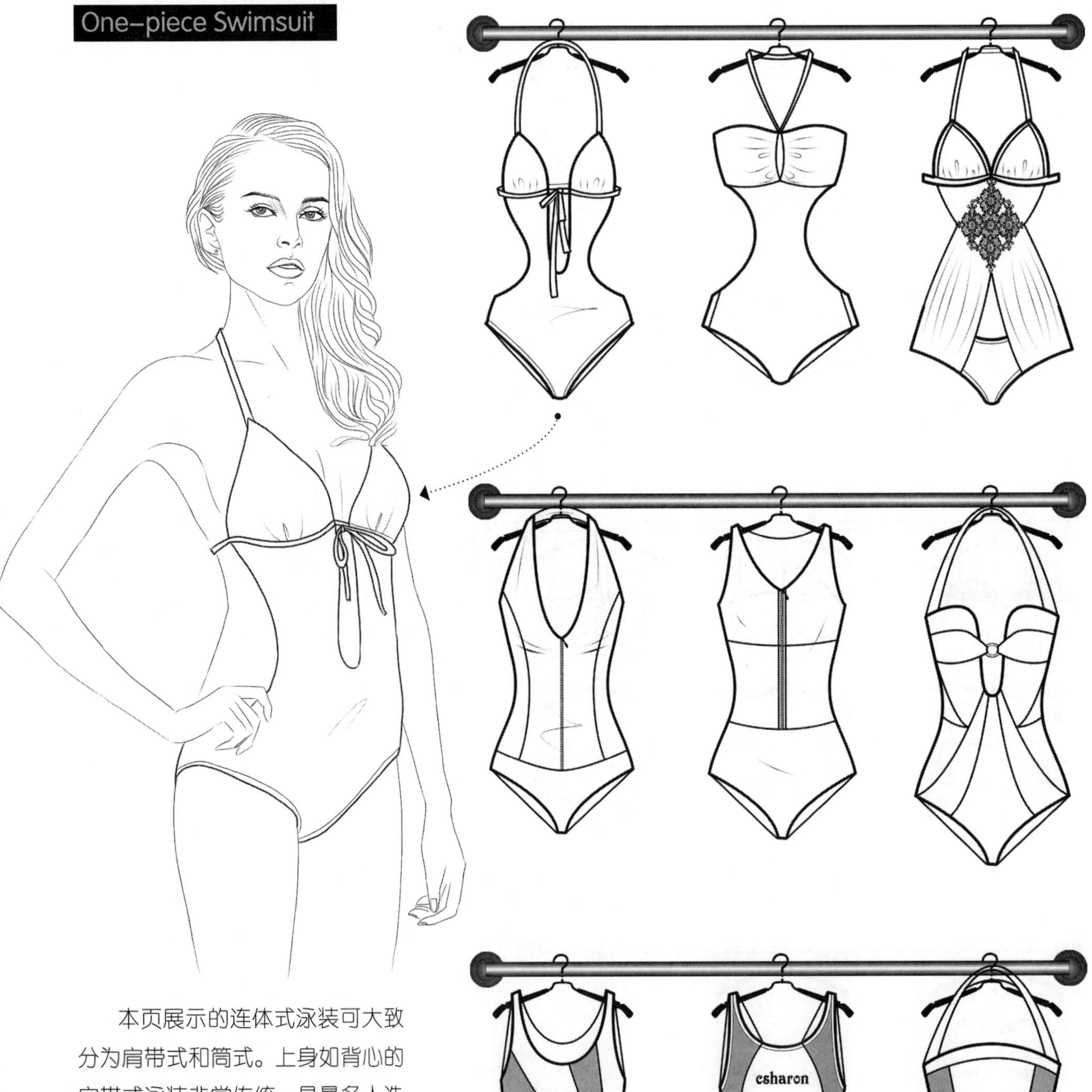

本页展示的连体式泳装可大致分为肩带式和筒式。上身如背心的肩带式泳装非常传统，是最多人选择的款式。其实，肩带式泳装虽然普通，但通过肩带的变化和分割线的设计，能使穿着者散发出别样的韵味。深开的领口和缠绕式样的泳装，对上窄下宽的体型是最好的修饰。另外，在胸围线上加一圈独特的修饰，可以令体型更趋完美。

泳装是一种未来观念的表达——简约、裸露。本页所展示的泳装款式在点、线、面的切割下展现出几何图形的美感，而不对称的设计也十分引人注目。

在人体动态的表现上，采用正面的人体姿态，可以更清楚地表达泳衣的结构，而一手叉腰、一手自然垂下的姿势则打破了站立的拘谨感。对服装褶皱的表达要根据人体的动态来表现，同时注意线条的流畅性和虚实感。

本页的连体泳装加入了荷叶边、系带、蝴蝶结、分割线和抽褶等设计元素，令泳装的设计款式丰富多变，视觉效果也非常丰满。

Part 13

家居服

Home Clothes

这一章节向大家展示家居服的款式设计技巧以及绘画技法。家居服分为睡衣和居家服，睡衣是睡觉时穿着的服装，其面料柔软贴体、穿着舒适、透气吸汗，款式设计上多采用蕾丝花边元素，性感妩媚。家居服是在家里穿着的服饰，其穿着必须舒适，设计上多给人得体且温馨的感觉。

睡衣

Pajamas

本页向大家展示的睡衣可以被称为睡裙或吊裙，设计上采用了蕾丝和抽褶的元素，款式变化上也非常丰富，有吊带式、宽肩背心式、前胸绑带式、文胸式。人体动态上可以采用非常妩媚的姿态来提升服装的内涵，如性感的侧面、柔顺的长发、撩动的裙摆等都是很好的诠释。

本页除了展示性感蕾丝装饰的睡衣外，也加入了更为大众的款式，如露肩波点荷叶边款、短袖印花款、喇叭长袖款等，其款式变化非常丰富、风格各异。

本页展示了除睡裙外的睡衣套装款。套装分为上衣和裤子，设计元素统一，多采用荷叶边、蕾丝以及格纹印花面料，给人柔软、舒适的视觉感受。

居家服

Unmade Bed

居家服多指在家中休息或做家务时所穿着的一种服装，其特点是面料舒适、款式简洁、行动方便，有上下套装式、连衣式和浴袍式三类。

条纹元素以及蕾丝面料被广泛地运用到居家服的设计中。本页向大家展示了不同长度和风格的居家服，有开衫式的长袖上衣搭配松紧腰长裤，有连帽的长裙款，有圆领长袖上衣搭配短裤，有蕾丝领中袖上衣搭配阔腿中裤。

本页向大家展示了年轻风格的居家服款式。随着社会的发展，越来越多的年轻人喜欢通过互联网解决生活的一切需求，于是一款可爱的居家服就成为生活的必备品。

在表现可爱风格上，我们可以加入动物图案的设计元素，如猫咪、兔子的图案常被应用于服饰的印花图案中，而蝴蝶结、荷叶边也是诠释可爱风格的最佳元素。

Part 14

礼服

Formal Dress

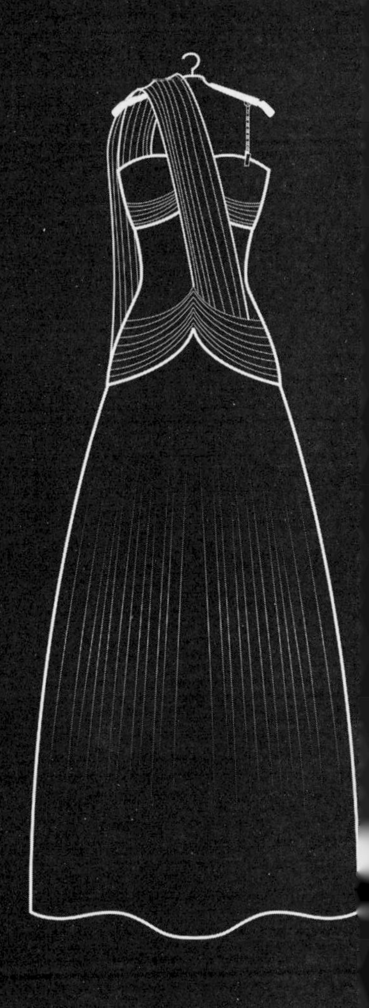

礼服，是指在某些重大场合中参与者所穿着的庄重而且正式的服装，可以分作小礼服、晚礼服和婚纱等。晚礼服产生于西方社交活动中，是在晚间正式聚会、仪式、典礼上穿着的礼仪用服装。礼服的裙长多长及脚背，面料追求飘逸、垂感。晚礼服风格各异，西式长礼服袒胸露背，呈现女性风韵；中式晚礼服高贵典雅，塑造特有的东方韵味；另外，还有中西合璧的时尚新款。晚礼服多选择典雅、华贵、夸张的造型，凸显女性特点。小礼服是在晚间或日间的鸡尾酒会、正式聚会、仪式、典礼上穿着的礼仪用服装，裙长在膝盖上下 5cm，适宜年轻女性穿着。与小礼服搭配的服饰适宜选择简洁、流畅的款式，着重呼应服装所表现的风格。婚纱是结婚时穿着的礼服，款式多样，有公主型、蓬裙型、贴身型以及往后型，其面料多用柔美的丝质软缎和浪漫的蕾丝面料。

随着社会的发展，礼服的款式呈现出越来越丰富的设计特点，无论是从面辅料的选择还是对结构的设计上，又或是对裁剪的变化上，设计师都可以将自己最新和最具有创意的设计理念表达出来。

小礼服
Demitoilet

小礼服是以裙装为基本款式，具有轻巧、舒适、自在的特点。小礼服的长度因不同时期的服装潮流特点而变化，是适合在众多礼仪场合穿着的服装。小礼服多采用高档的衣料以及贴身的剪裁设计，将女性的曲线美展现得淋漓尽致。

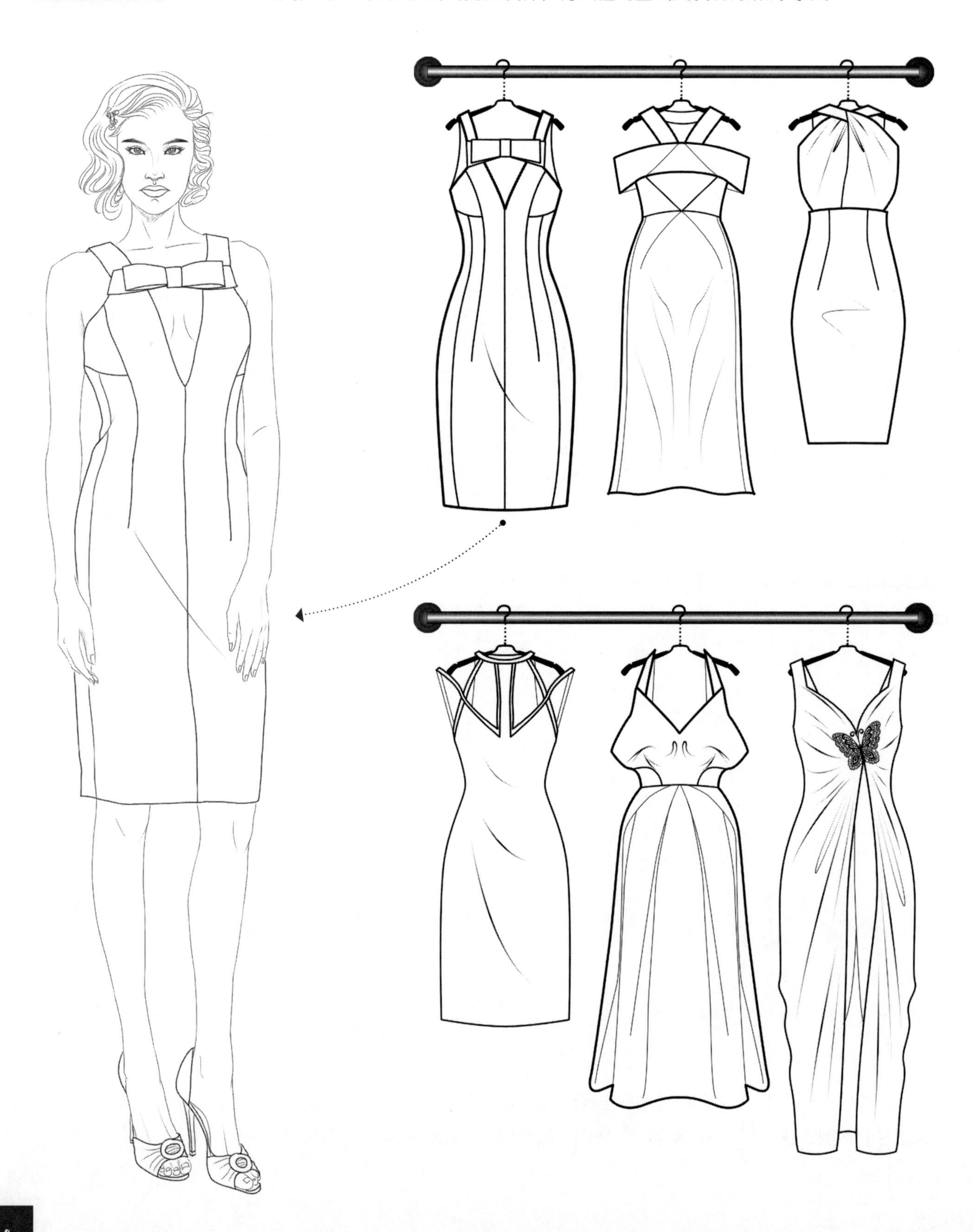

本页展示了更为丰富的小礼服款式，其设计手法多样。在绘制款式图时，要特别注意线条的流畅性和结构比例，荷叶边的绘画要注意其层叠性的表达和波浪边的流畅性，分割线可以用细线表现，同外轮廓的粗线形成虚实对比。

本页展示的小礼服重点是对上半身的设计，采用了荷叶边、不对称领、腰部绑带等设计元素，完美地展示了穿着者的身型和气质。

本页展示了具有浪漫情怀的小礼服设计款式，如立体雕花的设计、具有层次感的荷叶边、抽褶设计、一字肩的设计、立体裁剪以及结构分割工艺的设计等，都使得小礼服款式时尚且设计感十足。

小礼服引领时尚潮流，让女性们拥有美丽的装扮，点缀高雅气质。小礼服给女性带来的不仅是高贵的气质和淡雅的女人味，也是品位与地位的象征，备受女性喜爱。

小礼服的风格多种多样，有宫廷复古、民族风情、优雅甜美、英伦贵族、花园女孩、名媛淑女、摇滚风格、女神风范、异域风情、平民时尚等。小礼服的款式也新颖独特，包括抹胸裙、吊带裙、斜裙、收腰包身裙、背心裙、迷你裙、蛋糕裙、鱼尾裙、节裙、褶裙、筒裙等。制作小礼服的材质也异常丰富，有雪纺、纯棉、蕾丝、真丝、羊毛、亚麻、绸缎、牛仔布、皮质等。

晚礼服

Evening Dress

晚礼服是一种十分正式的晚会服装，多使用缎子面料来制作，正式场合穿着的要搭配合适的鞋子、礼帽、饰品以及手包等。例如，本页效果图的表现上搭配了一款简洁的手包来体现穿着者的优雅气质。

本页展示的晚礼服在造型手法上多采用立体裁剪的方法，结构线的表现极具设计感，款式上均选择了裹胸式的设计，强调对背部和肩部曲线的展露。裙长坠地，面料多采用缎、塔夫绸等闪光织物，搭配钻石等金属饰品，以及有光泽的华丽小包、肘关节以上的手套等。如果鞋与礼服为同一质地，那么整套装扮的正式感最强。

本页礼服的设计点主要集中于领子和腰部的设计上，露腰的设计给礼服增添了性感气息，也能完美展示出女性腰部线条的柔美。低领隐约坦露胸部的设计也是晚礼服最为常见的设计手法之一，丰满的胸部和纤细的腰部是女性美最极致的体现，因此晚礼服的设计常常围绕这两点展开构思。

本页晚礼服的设计点主要围绕抽褶来展开，褶皱的设计形式非常多样，层叠的抽褶常给人华丽的视觉感受。

本页展示了两款收腰裹胸式晚礼服，上身用的面料很少，紧身合体，腰部收得很紧；下半身裙子为蓬蓬裙，裙下有内衬使得裙子更有体积感，进而显得腰部更加纤细；裙子前短后长或不规则的下摆线条打破了传统礼服样式，显得更有设计感。

本页展示的是中长款的晚礼服，通过对裙身结构的设计和工艺的变化来展示其不同的设计风格。

本页向大家展示了更为丰富的裹胸式以及背心式的晚礼服，其廓型变化丰富多彩，而腰部设计是重点所在。款式图的表现技法上要特别注意线条的准确度，上下部分的比例很重要，裙子的廓型也要用粗线来准确地表达。

本页向大家展示的是具有创意性的晚礼服，灵感多来源于昆虫，在绘制款式图时要注意衣服层次感的表现以及褶皱的表现等。

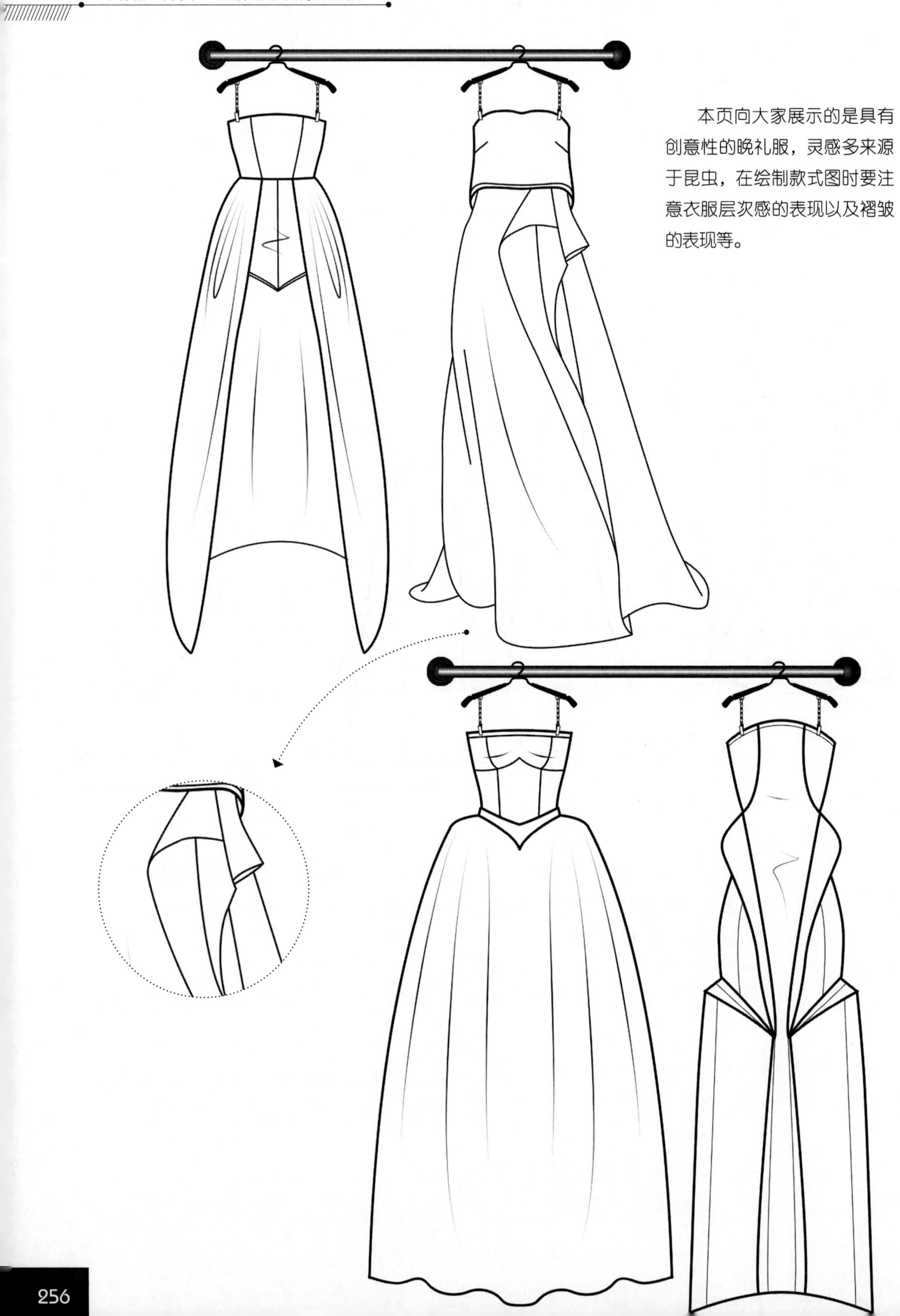

本页向大家展示的是有袖子的晚礼服，这类服装可以修饰不完美身材，遮掩赘肉，令不完美体型的女孩也能穿出优美、动人的感觉。

本页展示的背心式晚礼服，多采用曲线或直线的分割方法来打破单一的视觉感受。分割线中还融入了抽褶或间色的办法，使得服装的视觉感受更为丰富、完美。

婚纱
Wedding Dress

婚纱的款式设计需要融入各项因素，包括文化、宗教及时装潮流等。婚纱来自西方，有别于以红色为主的中式传统裙褂，白色婚纱代表内心的纯洁，后来逐渐演变为童贞的象征。白色礼服是西方女性钟爱的婚礼服形式，白色是新娘的专用色，这种由里到外全身洁白无瑕的装扮象征着爱情、婚姻的纯洁与神圣。婚纱的面料多选择细腻精致的绸缎、轻薄透明的绉纱、绢、蕾丝，或采用有支撑力、易于造型的化纤缎、塔夫绸、山东绸、织锦缎等。工艺装饰多采用刺绣、抽纱、雕绣镂空、拼贴、镶嵌等手法，使婚纱的层次感及立体效果更好。

A 字型婚纱注重视觉的修长效果，整体设计就如同英文数字 A 一般。它上半身紧身窄小，下半身顺势拉宽，由于腰身并不明显，从上到下呈直线之感，使新娘看起来更显高挑。

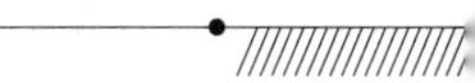

第一款为迷你短款婚纱，其上半身贴身，下半身自然垂下，适合身材娇小的女性穿着。蕾丝花边是婚纱设计的最佳元素，常被设计在胸前、腰部以及裙摆等部位，显得高贵、精致。

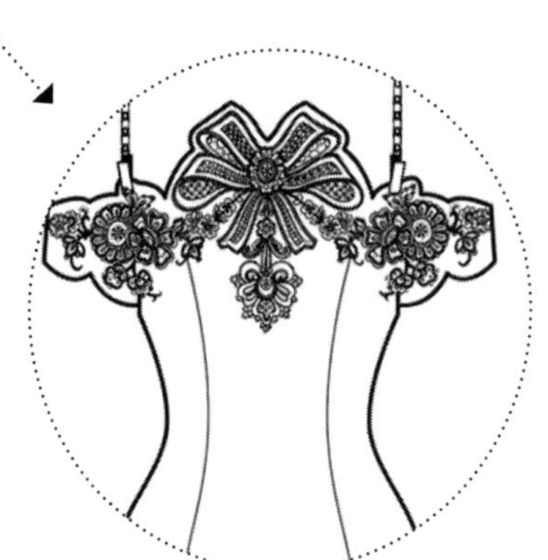

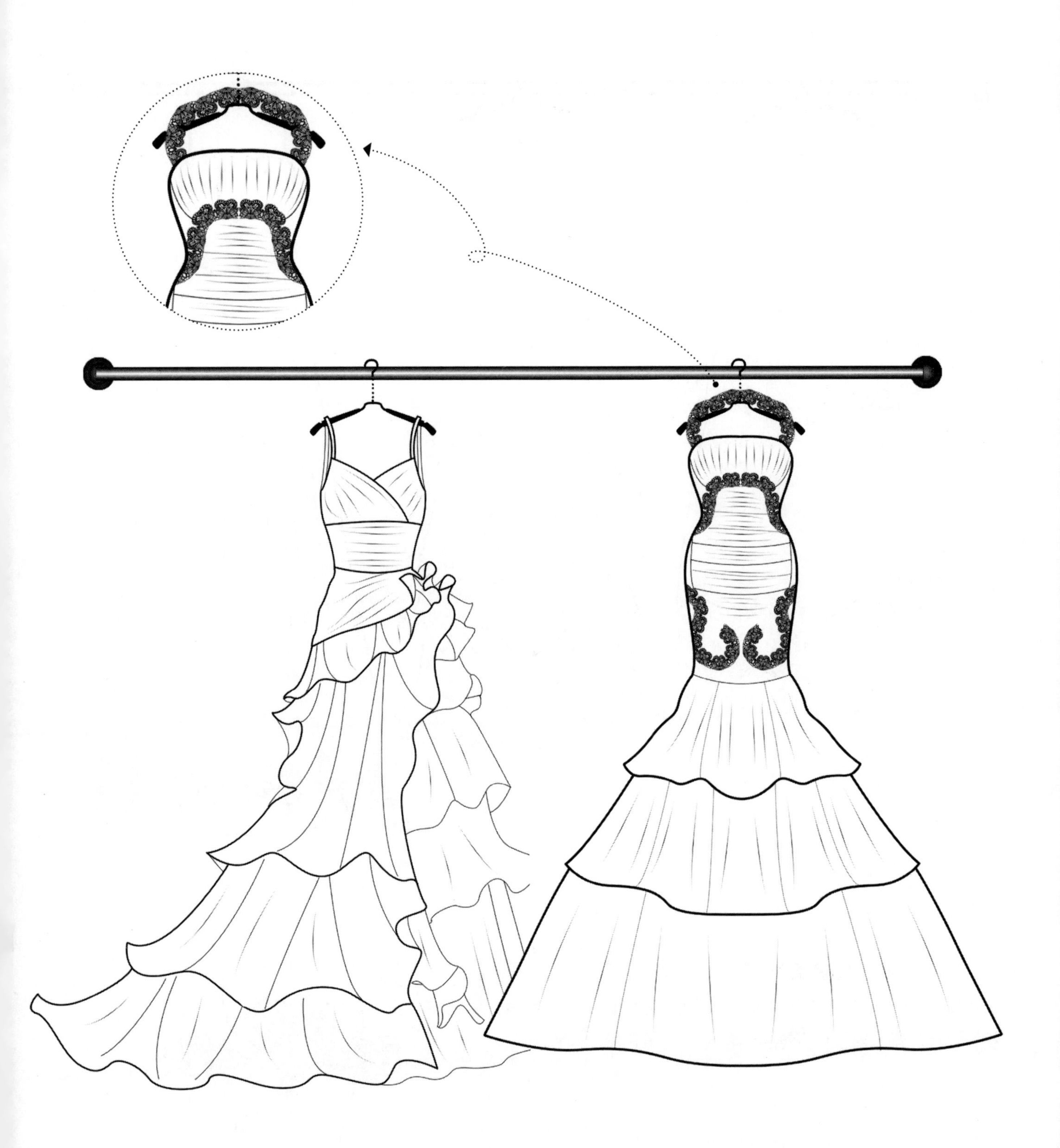

荷叶边婚纱的下摆如风中荷叶轻轻摇曳，动静皆宜。它把所有的目光聚集到面部，使穿着者更显大气、成熟，魅力十足。鱼尾裙摆凸显瘦窄的设计概念，展现新娘美丽、性感的腰身，膝部以下如鱼尾般的宽广裙摆，尽显新娘优雅、端庄的独特气质。